——设计师不能不懂的营销术

筑美设计——编

中国电力出版社
CHINA ELECTRIC POWER PRESS

内 容 提 要

本书系统地讲述了装修设计师在与客户沟通交流中的方法与技巧，启发装修设计师发挥自己的专业技能，将设计与谈单结合起来，最终成为谈单高手。书中重点谈到设计师需要了解、学习、巩固、坚持的多样特殊技能，帮助设计师快速找到自己的谈单方向，迅速与装修客户签单，这是一本全新的装修设计营销宝典。本书适合各类装饰装修设计师、营销人员、项目经理以及装修从业人员使用，同时也是即将步入工作岗位的设计专业学生的必备参考读物。

图书在版编目（CIP）数据

装修谈单签单宝典：设计师不能不懂的营销术 / 筑美设计编 . — 北京：中国电力出版社，2021.1

ISBN 978-7-5198-4771-5

Ⅰ. ①装… Ⅱ. ①筑… Ⅲ. ①建筑装饰－销售－方法 Ⅳ. ① TU238 ② F713.3

中国版本图书馆 CIP 数据核字（2020）第 116591 号

出版发行：中国电力出版社
地　　址：北京市东城区北京站西街 19 号（邮政编码 100005）
网　　址：http://www.cepp.sgcc.com.cn
责任编辑：乐　苑（010-63412380）
责任校对：黄　蓓　于　维
装帧设计：唯佳文化
责任印制：杨晓东

印　　刷：北京瑞禾彩色印刷有限公司
版　　次：2021 年 1 月第一版
印　　次：2021 年 1 月北京第一次印刷
开　　本：710 毫米 ×1000 毫米　16 开本
印　　张：13
字　　数：235 千字
定　　价：58.00 元

前 言

目前，方案设计与绘图技法对于设计师而言，已是基本能力。设计师要想在广阔的装修市场中获取更多的设计项目，也就是我们常说的签单业绩，就要提升设计师的存在价值，获取客户信任。进一步掌握并提高谈单技巧与方案表述能力，这对长期学习研究设计绘图技能的设计师来说，是一项新的挑战。

优秀的设计师在掌握专业技能知识的基础上学会签单技巧，可以赢得更多的客户信任，把自己的设计理想变为现实。

本书从设计师的需求角度出发，讲述了设计师在谈单、签单的过程中会遇到的常见问题，并且提出了一些解决问题的方法及谈单、签单的技巧。本书的第1章详细地介绍了设计师在谈单之前需要做的准备工作，帮助设计师为谈单做铺垫；第2章讲述了谈单中的关键步骤，帮助设计师快速地把握签单的秘诀；第3章从设计师的角度揭秘现场签单，使设计师对现场签单不再迷茫；第4章叙述了在签单过程中将会使用的技巧及如何发现客户的购买心理；第5章提出了如何解决在谈单中客户产生的异议，应该如何处理来自客户的疑问；第6章从客户的角度出发，讨论了客户在谈单的过程中会出现哪些方面的问题，以及设计师如何面对来自客户的内心焦虑；第7章从专业的角度，讲述了设计师如何提升自己的专业技能，从而在谈单中游刃有余；第8章与第9章通过实战案例，帮助行业新人成为签单高手。

编者

2020年8月

目录

前言

第1章　谈单需要准备什么 1

1.1　以得体的外表迎接客户 2
1.2　备好齐全的交流工具 6
1.3　需要具备的专业技能 9
1.4　设计师对自己的定位 15
1.5　对装修报价了如指掌 17
1.6　热情是制胜的法宝 20

第2章　签单的关键步骤 22

2.1　客户的排斥心理 23
2.2　化解客户的抵触情绪 25
2.3　谈单的秘密武器 28
2.4　快速转换思维 31
2.5　引导客户付定金 33
2.6　把握适当时机邀请客户 38

第3章　现场签单大揭秘 45

3.1　开场白是关键 46
3.2　促进签单的六种方法 48
3.3　同时接待两位客户 51
3.4　坚决避免谈单中的五大错误 54
3.5　发现客户的签单信号 58
3.6　巩固与客户的关系 60

第 4 章　签单技巧大考验 64

4.1　尊重客户 65
4.2　适当地提问 69
4.3　设计师的签单精神 71
4.4　了解时下装修趋势 74
4.5　熟悉装修制图软件 79
4.6　手绘表达方案的能力 82

第 5 章　如何处理客户的异议 85

5.1　业绩才是终极目标 86
5.2　建立朋友关系 89
5.3　理解客户的感受 92
5.4　如何面对客户要求打折 97
5.5　请谈单高手帮忙 103

第 6 章　把握客户的内心世界 107

6.1　化解客户的内心焦虑 108
6.2　拒绝客户说“不” 110
6.3　思路决定成交率 114
6.4　不让客户感到懊悔 117
6.5　完善的售后服务 121

第 7 章　签单必须掌握的技能 125

7.1　对户型空间快速布局 126
7.2　辅助客户选择装修风格 131
7.3　掌握装修施工工艺 143
7.4　工程报价与成本 150

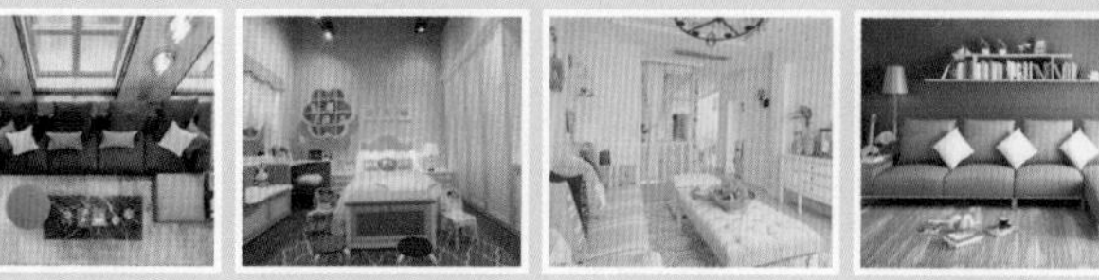

第 8 章　至关重要的方案设计 155

8.1　井井有条的居住空间 156

8.2　下午茶的好去处 163

8.3　不再枯燥的办公环境 167

8.4　书屋的风格设计 171

第 9 章　谈单签单实战体验 177

9.1　初入职场的第一单 178

9.2　坚持不懈感动业主 185

9.3　快捷酒店我设计 189

9.4　豪华别墅任我签 192

参考文献 202

第1章

谈单需要准备什么

识读难度： ★☆☆☆☆

核心概念： 姿态、妆容、工具、定位、技能、热情

本章导读： 房地产业的快速发展，带来了建筑装饰行业、特别是装修行业的繁荣。国内装修市场，正在高速增长。随之而来，全国装饰公司也如雨后春笋般相继成立，目前全国有正规注册的装饰公司超过 100 万家，数百家公司已发展成全国性规模的大公司，平均年产值超过 10 亿元。伴随着 20 年来中国新型城镇化建设，装修行业已成为蓬勃发展的朝阳行业之一，装修设计师也将是收入丰厚、诱人的职业之一。

1.1 以得体的外表迎接客户

装修设计师谈单，首先是推销自己。只有取得客户的信任，才会顺利地推销出自己的设计。而一个好的形象，会让人觉得设计师本人是一位热爱生活、积极向上的职场人。心态积极的人，会使他人的情绪高涨，进而容易得到他人的认可。因此，形象对于设计师来说非常重要。

设计师给客户的第一印象体现在着装。设计师不是服装模特，不需要穿着高档，但服装应该给对方一种非常职业的印象，而不是让客户看到后感到不放心，无法胜任这份工作。一个优秀的谈单员是有着独特的人格魅力的，合适的穿着不一定能带来订单，但不合适的穿着肯定会影响业务量。如果想成为装修设计接单高手，就要在外表上注意以下几个方面：

1. 职业装

接待客户时，设计师必须保证自己的职业装整洁合体。不论休闲服有多漂亮，作为设计师，都不能穿去接待客户。职业装需根据行业的要求并结合职业特征、团队文化、年龄结构、体形特征、穿着习惯等设计，每个设计师应该至少准备两套职业装。同时要熨烫衣服，皱巴巴的服装直接展现了自己皱巴巴的工作精神。穿着职业装不仅是对服务对象的尊重，同时也使着装者有一种职业的自豪感、责任感。

←女性设计师可以选择裙装或裤装。裙装能够很好地拉长腿形，展现出女性的柔美，裤装则能修饰腿形。

←男性设计师的职业装以裤装为主，有时候会搭配西装马甲，勾勒出硬朗的线条，增添男性的成熟魅力。

★签单小贴士

职业装必须合身，袖长至手腕，裤长至脚面，裙长过膝盖，尤其是内衣不能外露；衬衫的领围以插入一指大小为宜，裤裙的腰围以插入五指为宜。细节上要做到不挽袖、不卷裤、不漏扣、不掉扣等；领带、领结、飘带与衬衫领口的吻合要紧凑且不系歪，给人正直的视觉感受；如有工号牌或标志牌，要佩戴在左胸正上方；保持衣物整洁，做到衣裤无污垢、无油渍、无异味，领口与袖口处尤其要保持干净。衣裤不起皱，穿前要烫平，穿后要挂好，做到上衣平整、裤线笔挺。

鞋也是职业装未必不可少的一个环节，如何在众多的款式中选择一款适合自己的鞋子，是非常重要的。首先，应抛弃那些过于花哨的款式与颜色，因为这可能会使客户对你的印象大打折扣。女性设计师在搭配鞋子的时候，千万不能选择拖鞋，或者是旅游鞋，最好选择高跟鞋或者是平底鞋。这两种鞋子和职业西装相搭配，能呈现出一份独特的精英气质。当然，高跟鞋鞋跟也不宜太高，否则走路会不舒服。记住，接待客户不是去参加社交舞会。另外，还可在自己的办公室里准备一块擦鞋布，接待客户之前将鞋子擦一擦，给人以干净、整洁的印象。男士的锥形西裤应与椭圆形尖头皮鞋相配；直筒裤要与鞋面有W形接缝的皮鞋相配；工装裤应配高帮翻毛皮鞋才显得帅气、粗犷。鞋与裤子搭配完美的关键是鞋形、鞋夹与裤形、裤口的几何造型相近。

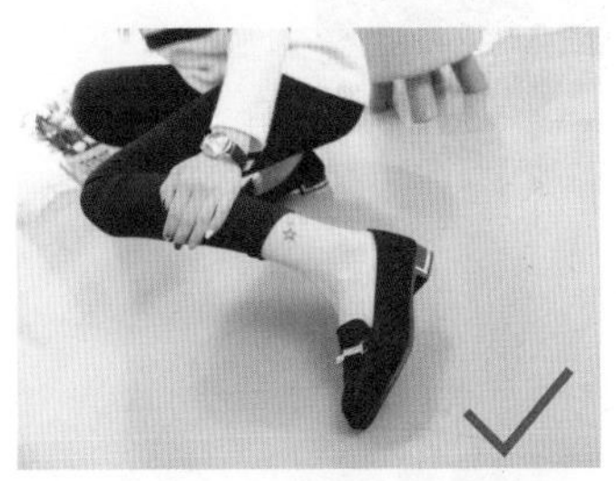

←需要长时间站立时可以选择鞋跟较低的鞋子，能够让人不那么疲劳。

←高跟鞋有助于女性展现自信、成熟的气质。

←拖鞋只适合居家使用，在工作场合穿会显得非常不礼貌，在工作环境中不宜穿。

←运动鞋虽然穿着舒适，但是与职业装搭配显得格格不入，风格差异大。

2. 妆容

第一次见面往往印象深刻的就是脸。工作越是忙乱，越不能疏于化妆，随着时间的推移，年龄的增长，人的气色可能会变差，因此就越需要用化妆来修饰自己。你的老板和客户会为你的工作成果埋单，但不会为你的坏脸色埋单，所以，着眼于长远的职业规划，适当的化妆有利于更好地工作。在营销类工作中，形象与气质对于谈单成功与否起关键的作用。

女性在工作场合化淡妆是对同事、上司、客户的尊重，可以表现出你对这份工作的在意，切忌不可浓妆艳抹，这样会招来不必要的麻烦。男性应该注意面部整洁干净，不能让你的客户与准客户看见你的形象有任何不舒服的地方，宁可保守，也不要太前卫。

化妆可以使人漂亮，增强女性自信，让自己成为更有魅丽的现代女性。女士在心理上应先确立这样的态度，即化妆并不是为了掩饰自己，而是为了推销自己。能把自己妆饰得更美的人，在某一侧面也显示了自己的能力，因而能得到更多的肯定。

↑进行谈单或跑业务的设计师，应当化淡妆和客户见面，这是一种尊重和礼貌。

3. 站姿与坐姿

职场中每天面对形形色色的人，有一个好的形象非常给自己加分。此外，在待人处事方面要表现出良好的职场礼仪，坐姿也是不容忽视的一个小细节。所谓“坐如钟”，并不是要求谈单人员在坐下后如钟一样纹丝不动，而是要“坐有坐相”，就是说坐姿要端正，坐下后不要左摇右晃。谈单人员到客户家拜访时，不要太随便地坐下，因为这样不但不会让客户觉得你很亲切，反而会觉得你不够礼貌。坐下后，不要频繁转换姿势，也不要东张西望。上身应自然挺立，不要东倒西歪。如果你一坐下来就摊靠在椅背上或扭捏作态，都会令人反感。两腿不要分得过开，两脚应平落在地上，而不应高高地跷起来摇晃或抖动。与客户交谈时切勿以双臂交叉放于胸前且身体后仰，因为这样可能会给人一种漫不经心的感觉。在人际交往中，假如你的肢体语言传递出不想被打扰的讯号，人们自然会对你望之却步。总的来说，男性的坐姿要端正，女性的坐姿要优雅。正确的坐姿，可以使你在别人眼里更加完美有气质。

←挺直上身，双脚并拢，并在同一方向。双腿侧放时，要注意脚尖处不要超过肩的外侧，否则难以保持上身直立。

“站如松”并不是说要站得像青松一样笔直挺拔，因为那样看起来会让客户觉得很拘谨。这里要求的是站立的时候要有青松的气宇，而不要东倒西歪。良好站姿的要领是挺胸、收腹，身体保持平衡，双臂自然下垂。忌歪脖、斜腰、挺腹、含胸、抖脚、重心不稳、两手插兜。优美的站姿男女有别，女子站立时，两脚张开呈小外八字或V字形；男子站立时与肩同宽，身体平稳，双肩展开，下颌微拾。简言之，站立时应舒适自然，有美感而不造作。

潇洒优美的走姿最能显出人体的动态美。人们常说“行如风”，这里并不是指走路飞快，如一阵风刮过，而是指走路时要犹如风行水面，轻快而飘逸。良好的走姿能让人显得体态轻盈、朝气蓬勃。走路时要抬头挺胸，步履轻盈，目光前视，步幅适中。双手和身体随节律自然摆动，切忌驼背、低头、扭腰、扭肩。多人一起行走时，应避免排成横队，勾肩搭背，边走边大声说笑。男性不应在行走时抽烟，女性不应在行走时吃零食，养成走路时注意自己风度、形象的习惯。

↑舒适自然的站姿，能够让你在人群中脱颖而出，得到较高的关注度。

↑潇洒、优美的走姿能体现出人行走的动态美，良好的走姿能让人显得体态轻盈、朝气蓬勃。

我们在别人心目中的印象，一般在15秒内形成。个人整体形象包括一个人的仪容、仪表、仪态，也就是一个人的相貌、穿着打扮、言谈举止，不管是在公共场所还是在私人聚会，只要与人进行交往，个人的穿着打扮、言谈举止等外在形象就会出现在他人的眼里，并留下深刻印象。可以说，一个人外在形象的好坏，关系到其社交活动的成功与失败。但实际上，给人赏心悦目的良好印象，成为商务社交的焦点人物，想赢得每一次成功的机会，并不是那么容易的事情。日常生活中人们普遍会有这种感受："心灵美可以慢慢陶冶，形象成灾麻烦就大了"。

1.2 备好齐全的交流工具

要想成为一名装修设计接单高手，必须保证能够随时把信息与资料准确地传递给客户或准客户。因此，在与客户进行交流之前，需要准备好交流和沟通的工具，确保将客户的诉求完整地记录下来。同时，根据客户提出的问题及要求，装修设计师需要快速地做出回答，让客户观看你的前客户的体验评价及设计实物的照片，这也是谈单签单中常涉及的营销手段。

1. 计算机

装修设计师应该有一台自己独立使用的计算机，最好是一台笔记本电脑，这样就可以随身携带并进行现场设计或提供资料。当客户提出需要看看你之前做的设计时，可以将整理好的图片或PPT提供给客户浏览。同时，使用自己的电脑能清楚地记得自己的文件都放在哪里，避免出现找不到文件等尴尬场面。还有就是“防人之心不可无”，你谈的客户有可能别人也在谈，因此重要文件、资料最好在自己的电脑上操作，否则被他人盗用或损坏的话，这时候你损失的将不仅是客户，还有信誉。因此建议使用自己的个人电脑为好。

2. 手机通信

作为一名装修设计师，使用的手机配置不能过低，因为这可能影响到某些功能无法使用，也可能会被某些客户看轻设计师的品位，导致客户怀疑设计师的鉴赏能力；但过于高档也不妥，容易被认为有炫耀意味；中档的最好，既能展示出设计师的品味，又能满足自己的需求。

3. 名片

或许你并没有意识到，一张小小的名片是“人脉存折”，它帮助我们结交朋友，维持联系，也是自我增值和提升形象的重要工具，更是冷场或僵局的破冰点。名片是新朋友互相认识、自我介绍最快、最有效的方法。交换名片是商业交往的第一个标准动作，也是向对方推销介绍自己的一种方式。名片的印刷与设计一定要与众不同，便于加深印象，设计巧妙的名片自己会说话，会推销公司、产品和形象，即具有静销力。

★签单小贴士

递收名片礼仪

递名片时应将名字向外，面带微笑双手递出。通常我们以为把名片递给对方，对方就知道我们的名字，其实做些自我介绍还是很重要，幽默风趣的自我介绍能让客户记忆深刻。

收名片时如果双方同时掏名片，其中一方可先暂缓掏出名片的动作，接过对方名片后再递出自己的名片。收下名片后花几秒钟阅读，切忌急急忙忙把名片收起来，用意是让双方有时间消化名片上的信息。

4. 书写用具

装修设计师一般使用钢笔、签字笔、彩色铅笔或马克笔。没有必要一定使用名牌笔，但一定要保证所用的笔书写流畅。因此，应经常检查书写用具是否有足够的墨水，使用是否顺手。

5. 文件夹或相册

作为一名装修设计师，可准备一个精美的文件夹或者相册，用来收集和记录成功的设计案例和装修客户的赞誉之词，如装修样板房照片和最新流行的材料、设备照片，以及有客户签名的合影照片等，资料内容应尽量丰富并真实。这些资料作为签单的辅助条件，在客户犹豫不定时能给客户吃一颗“定心丸”，让客户认可你的设计能力。

↑ 整理制作精美的图册是每个装修设计师应该做的工作准备，便于在谈单现场进行快速查阅参考，迅速抓住客户的核心需求，解决客户的疑点问题。

1.3 需要具备的专业技能

装修设计图纸是设计师对于装修设计的一切构想、创意的具体呈现，也是业主、设计师、施工者三方之间沟通的有效工具。因此，在装修设计中，设计师应尽可能地用图式语言表达自己的意图。

在装修设计时，装修设计师表达自己的设计理念主要通过图纸表示，避免仅"说方案"或者无图纸施工。装修设计绘图方法也是多种多样的，有徒手绘制、工具绘制和电脑绘制等。徒手绘制有快速方便的特点，多用于方案构思和方案介绍；工具绘制一般用于正式的设计方案和施工图表达；而现在装修设计绘图一般都是采用电脑来完成，不仅可以绘制平面图，而且可以绘制三维的彩色效果图，具有快速、方便和便于修改的特点。此外，有时还可以采用一些辅助的方法，如电脑三维动画、室内模型和材料实物样板等，在设计师接单时都有很大帮助。

图纸是设计师的语言，也是要必须掌握的基本功。当语言无法描述时，图纸中简单的线条与色彩，能够让客户较快地理解整个设计的方向及设计要点。在室内装修设计中，通常有以下几种绘图方式。

1. 徒手草图

对于装修设计师来说，徒手绘制效果图是做好装修设计的基础。在接单时，因为要快速表现设计思想，并且用设计语言当场与客户沟通，因此多用草图表现。待设计方案确定之后，再用电脑制图来完成最终的绘图工作。

将测量得到的数据核对一遍后就可以绘制草图了，绘制草图的目的在于提供一份完整的制图依据。测量完毕后可以在装修现场绘制，使用铅笔在白纸上画图即可，线条不必笔直，但是房间的位置关系要准确。边绘草图边标注测量得到的数据，补充遗漏部位的数据，尽量完整标注。很多设计师对这个步骤不重视，直接拿着测量数据就离开了，当再次绘制图纸时发现有的数据对应不上。因此，现场绘制草图是核对数据的重要步骤，每处细节都是测量的关键，个人的记忆力再好也比不上实实在在的笔录。

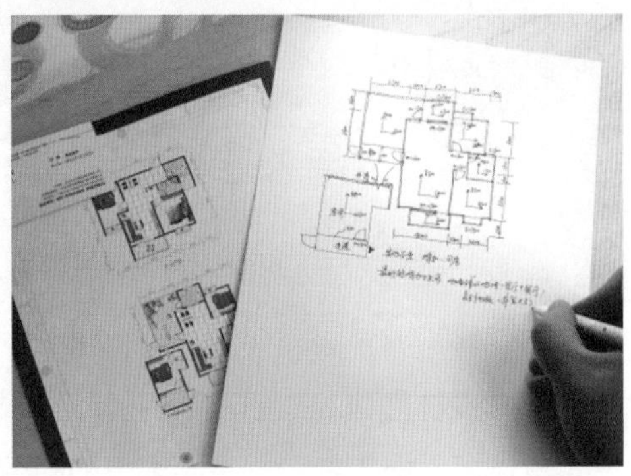

★签单小贴士

绘图板

绘图板是设计制图中最基本的工具之一，一般为硬度适中、表面平整的矩形木板制成。图板的两端为直硬木，以防图板弯曲和利于倒边。图板的短边称为工作边，而面板称为工作面。绘图板通常尺寸以 600mm × 900mm 和 750mm × l050mm 两种较为实用。制图时，根据所绘图纸的尺寸大小来选择相应尺寸的图板。平时应保持图板的整洁和图板边缘的平直，应避免在图板的工作面上刻画或加压重物。

2. 效果图

设计效果图，尤其是手绘效果图，是设计师与装修客户之间的一座桥梁，它是设计师用来表达设计意图的手段之一，它既是一种语言，又是设计的组成部分。手绘效果图能够更直接地促进设计师与客户沟通，是衡量设计师综合素质的重要指标。手绘效果图是运用较写实的绘画手法来表现建筑或室内空间结构与造型形态，它既要体现出功能性又要体现出艺术性。手绘效果图是用绘画手法来表现建筑或室内设计的效果，受描绘对象的生产工艺制约。

装修设计的效果图能够直观和准确地表现室内空间环境，为装修客户提供一个具体的环境形象，它的绘图质量会影响装修客户对设计方案的决策。在装修设计的接单过程中，装修设计效果图往往是启动装修客户签单的按钮，是设计师与非专业人员沟通的良好媒介，对决策起到一定的作用。随着现代科技的发展，由于手绘效果图受时间及专业性的制约，与之相比，电脑软件效果图制作则运用较多。

↑手绘效果图效果逼真，在造型、色彩、质感上效果较为突出。

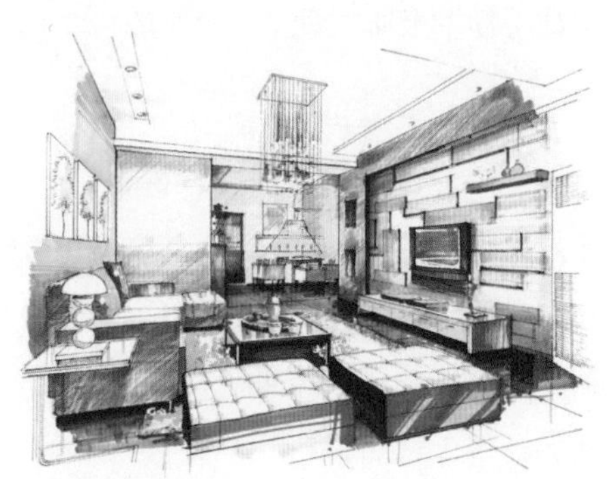

↑手绘图的趣味性与绘画性更强，更能考验设计师的专业性。

相对于手绘效果图，电脑软件制图更加方便快捷，制作简单、出图快等特点成为其优势，电脑设计效果图能准确、具体、真实地展示室内外各个空间部位的设计效果，可以全方位、多角度地展现设计构思，后期存储、网络传输、打印出图也非常方便，具备强大的模拟现实的能力。

↑效果图已经成为中国设计行业中的“通行证”，或者说是行业内的“货币”，可以很方便地进行各种各样的流通，从而形成了一种观念：“要让我看你的设计，那就等于是看效果图，没有效果图，就说明没有设计”。

电脑设计效果图与手绘效果图相比，由于作者大都在同一个软件平台上通过程序完成设计，风格表现上显得单一、乏味；而手绘表现效果图因为直接由作者手绘操作，在表现形式、色彩运用、技法选择等方面与电脑软件相比更具有灵活性，能更好地体现出作者不同的审美风格，在手绘过程中作者往往有一些创造性的技法表现，而这是电脑设计效果图所不能达到的。从今后效果图表现的发展来看，电脑设计软件会不断升级，以解决各种不足之处，而手绘表现效果图的技法、工具、材料也在不断地推陈出新。

3. 装修设计图

装修设计图是设计师将设计理念以图纸的形式展现出来、与客户商谈业主的图纸。它也是签单成功以及后期施工、物业备案的依据所在。

（1）原始平面图。原始平面图是量房后绘制的第一张图纸，是绘制设计图纸的基础。主要标注出房型的尺寸、层高、原始管路及门洞等。如果原始图尺寸量得不准确，人工费、材料费、管理费、设计费都会从这上面加出来。如果担心尺寸有出入，拿到图纸时可以自己用卷尺大概地量一下，一般尺寸不会相差很多。

（2）平面布置图。在很多人看来，合理的规划平面布置图是最考验设计师的设计水平的。的确，平面布置图的家具布置是俯视角度，各个区域的功能合理划分和人性化的考虑是平面布置图的精髓所在。当然，图纸中家具的尺寸是否准确，影不影响动线都是要考虑的。而经验不足的设计师往往就不会考虑周到。

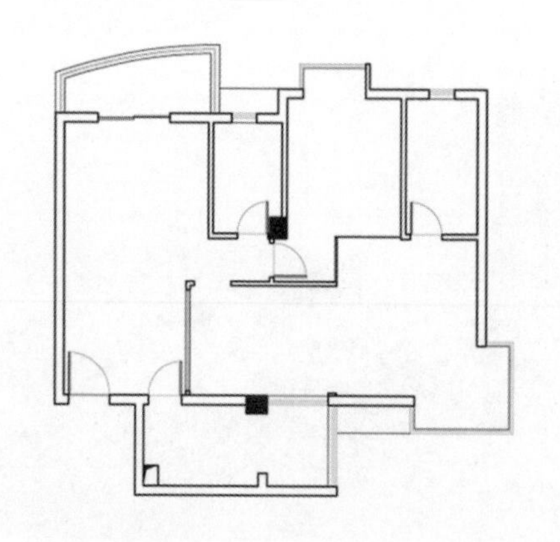

↑绘制房型框架是设计师最基本的功底，但一定要数据准确。

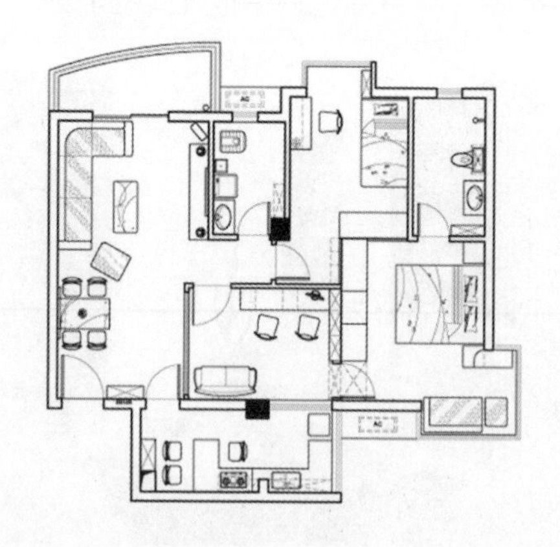

↑进行空间布局是设计师的设计素养的体现，能反映出设计师的经验和水平。

★签单小贴士

原始平面图与平面布置图的重要性

原始平面图与平面布置图是考验装修设计师诚信与设计能力的环节。作为设计师，谈单需要一定的口才与情商，但是如果在设计图纸上有问题被客户发现了，那么设计师的职业生涯可能就此结束，你将在设计行业无法立足。一份优秀的平面布置图肯定是合理且具有创意，如果不能在布局上做出花样，客户一样不会选择你；站在客户的角度上，也许你不是最让客户满意的设计师，但如果你能多为客户考虑，让客户觉得你的设计方案完全是站在客户的角度，就算你的设计不是最完美，客户也会与你签单合作，因为用心、诚信、能力是客户最在意的。

（3）地面铺装图。地面铺装图上一般需要标注地面所用的材质种类，是瓷砖还是木地板，拼铺走向、图案及不同材料的分界说明。好的设计师绘制的地面铺装图一般都能数出所用地砖的数量，这样就让预算做不了手脚，地板的用量也可以在图上计算出来。当然，这些都是预估的，实际的用量还是要把损耗考虑进去的，但具有参考价值。

（4）顶面布置图。将绘制完成的平面布置图复制一份，删除中间的家具、构造和地面铺装图形，保留墙体、门窗，即可绘制成顶面布置图，应做到从这张图上能看出天花吊顶的样式和顶部灯具的位置，图中应该详细标出吊顶的平面造型、尺寸以及距离地面的高度。

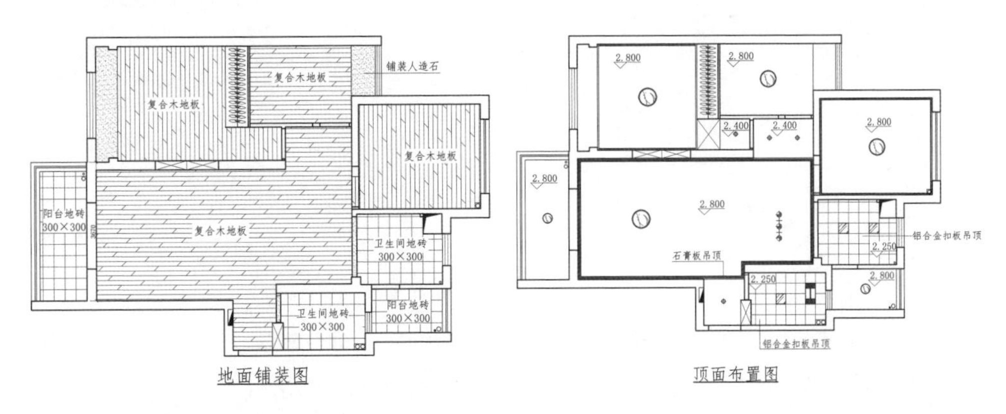

地面铺装图　　顶面布置图

（5）开关、插座布置图。很多业主在后期的使用中都会后悔家里的插座数量太少了，这就是当初插座分布图没有考虑周到。插座的位置、数量都会在开关、插座布置图中绘制出来，当然，插座的安排还要避开门窗、家具，否则就是无效设计。一般来说，插座的安装是在保证够用的前提下，再适当留出一些备用的即可。有的装潢公司为了增加预算，会多增加插座，这点也是需要注意的。

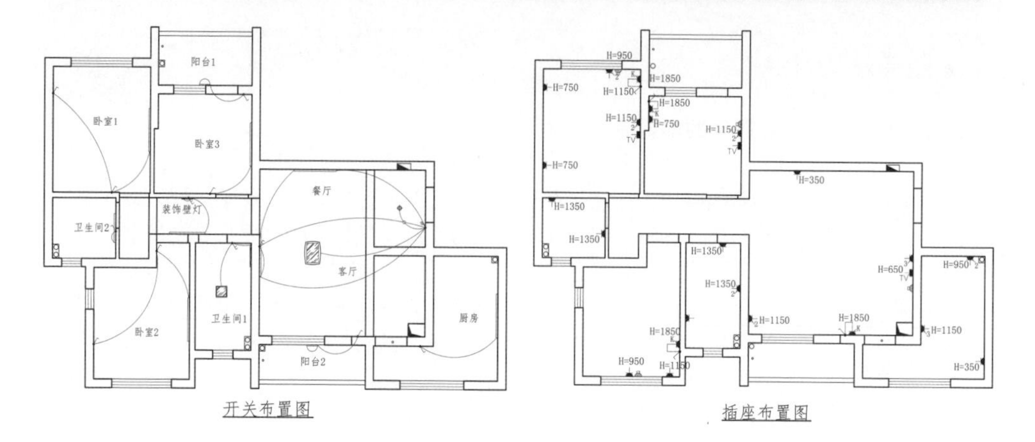

开关布置图　　插座布置图

（6）给水布置图。图上要标明卫生间、厨房等处的给排水线路的平面布置，还应该标注出冷热水的具体分布。如果有可能，尽量要装修公司免费提供光盘影像记录。标注准确的施工位置给日后维修也能带来方便。

（7）节点详图。施工中有一些关键部分的施工是具有难度的，涉及某些具体施工工艺的就需要绘制这些图纸，在图中标明造型尺寸，标明材料等。一般这种图纸设计师会为施工人员进行讲解。

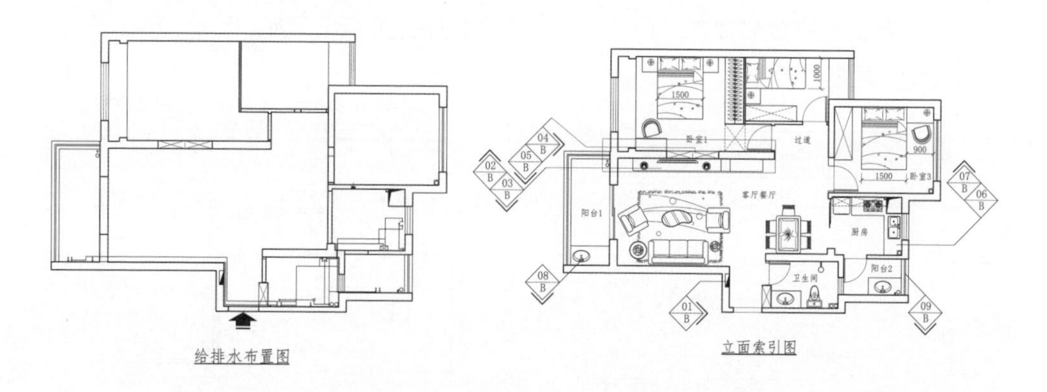

给排水布置图　　立面索引图

（8）立面图。立面图是指装修中主要制作的立面构件图，一般是指装饰背景墙、瓷砖铺贴墙、摆放家具的立面墙等部位。立面图展示的是从水平的角度看房间局部的剖面，设计师一般都是画出主要墙面的立面图，业主最好要求设计师给出其他墙面的立面图，同时需要结合平面布置图，这样看起来才能更清楚。主要立面图画好后要反复核对，避免遗漏关键的装饰造型或含糊表现重点部位。

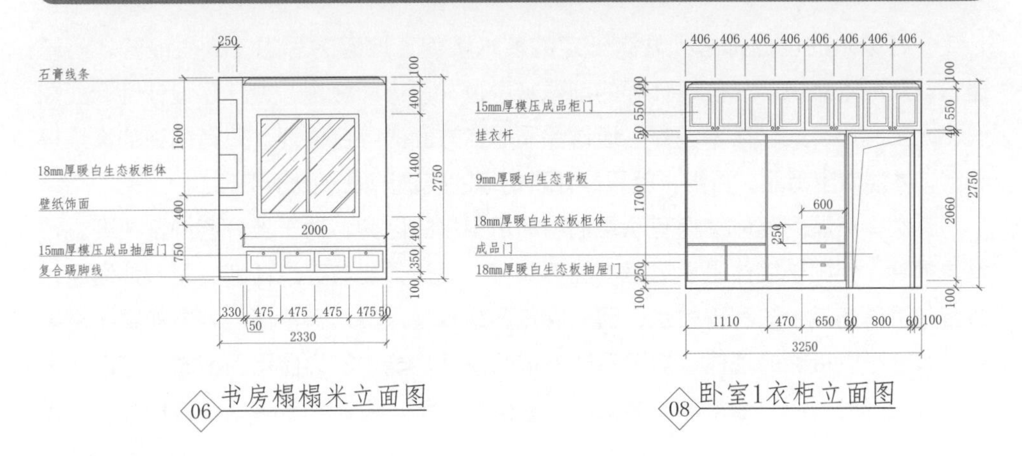

06 书房榻榻米立面图

08 卧室1衣柜立面图

1.4 设计师对自己的定位

作为一名装修设计师，需要对自己有一个清晰明确的定位，这能够帮助设计师在面对客户时增加不少的优势。装修市场很大，设计师人群如此庞杂，定位就好像是你的职业方向，只有目标明确，才能有的放矢。准确的定位能让你在众多的设计者中脱颖而出。

首先，设计师要有一定的手绘能力，能将客户想要的效果以图纸、图片、模型等方式展示出来，经过修改，对整体的空间布局、色彩搭配以及空间的形态特征都有自己的设计理念，最终以最佳的设计效果完成设计图纸。

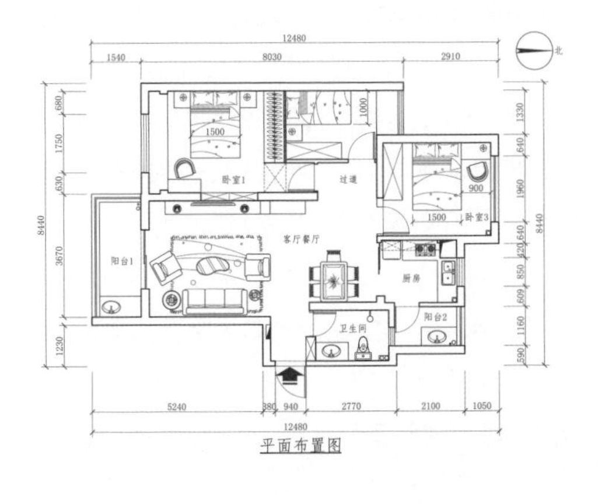

平面布置图

一名成熟的设计师必须要有一定的艺术素养、严谨的思想、人生经验、经营理念以及成本意识。一位设计界的前辈曾说过，设计即思想，设计是设计师专业知识、人生阅历、文化艺术涵养、道德品质等各方面的综合体现。只有内在的修炼提高了，才能做出精品，否则，就只是处于初级的模仿阶段，流于平凡。

其次，房屋的整体结构有承重墙与非承重墙的区分，对于部分客户坚决要进行墙体拆除，但由于墙体是承重墙不能拆除时，设计师要与客户详细、耐心地沟通，跟客户讲清楚其中的利害关系，因为客户不是专业人员，有不懂的地方实属正常。对于有些可以拆除的墙体，拆除后能够增强使用功能，扩大使用面积时，可以与客户进行良好的沟通，通常家庭装修一次会使用多年，设计师应该站在客户的角度去思考。

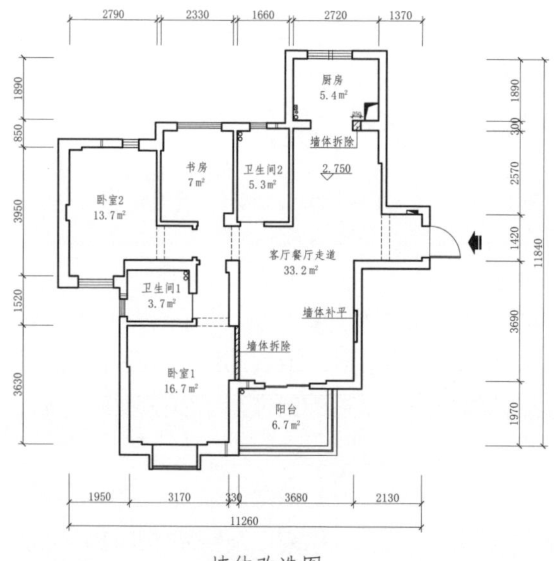

墙体改造图

←需要进行墙体拆除、补平的地方要在图纸上明确地标识出来，因为拆除的费用是按照面积来计算的。

最后，设计师还是装修顾问。一个擅长谈单签单的设计师一定是多方面能力的综合体现，若对于客户的提问“一问三不知”，是很难被认可并选择的。优秀的设计师也是精通装饰业务、具备营销能力、能对装修提供指导和咨询的营销人才。他们不仅具有良好的心理素质，超强的自信心，还掌握了多学科的专业知识，经济、法律和管理方面的知识，以及丰富的装修实践经验。不管客户提出哪方面的问题都能从容自如地回答，且能让客户感到满意。而只有让客户满意了，才有机会与客户进行更深层次的交流。此外，当客户提出能否为他介绍装修的材料、尺寸以及近几年的装修趋势时，设计师能够在第一时间指导客户，选择适合客户消费水平、品位的装修材料，即使出问题了，也能在第一时间拿出解决问题的方案，会让客户感到放心。

1.5 对装修报价了如指掌

假设在建材卖场与客户交谈，正当交谈逐渐顺畅时，客户询问展台上商品的价格，而你甚至对价格在什么范围内都没有印象，此时，你需要在公司系统上查清楚。这时，客户可能开始看其他的东西，或没有足够的时间等待查询结果，更糟的是，客户对设计师没有足够的信任。当设计师对于装修的材料不够熟悉时，可能导致客户的兴趣大大降低，即使价格令人满意，客户最终也不会选择合作。

当设计师跑展台、输密码，或花时间打开系统去查询商品价格的时候，客户的兴趣常常会由热转冷。如果设计师对相关材料的价格非常熟悉，并且可以向客户进行必要的讲解，也就保持住了交流的机会。了解相关产品性能，熟悉产品的价格是作为设计师的基本素养（见表1-1）。

表1-1　　报价对设计师的影响

序　号	优　　势
1	能让你在客户满意的价格范围内推荐产品
2	假如某品牌材料脱销，让你推荐其他品牌变得更容易
3	节约大量时间，可以与客户进行更多交流
4	展厅人多时你能签约更多的客户
5	你能更快、更有效地进行电话报价
6	达成签单更容易
7	可以知道你是否与竞争对手价格一致
8	让你看起来像客户期待得那样专业
9	增加你在客户心里的可信度
10	你能更容易发现错误的调价或价格不正确的商品
11	假如标签脱落，你知道在哪里并贴上去
12	增加你的自信
13	增加了安全性——你知道价签被更换了
14	增加客户对你的信心
15	对于分期付款的商品，你能迅速提供每月还款金额

当客户可以选择分期付款时，50000元和55000元的材料价格在月付可能相差无几，你不是多卖了5000元，而是每月仅仅多卖了几十元，客户自己也想得到更好的服务，且还在能力承受范围之内时，自然会与你签订合同。处理分期付款业务的营销型设计师拥有计算月付的能力很有必要，你在报价上投入的精力越多，客户在付款时也就越顺利。

表1-2　　装饰设计工程公司报价表

序号	项目名称	单位	数量	单价	合计
一	基础工程				
1	墙体拆除	m^2	10.90	60	654.00
2	强弱电箱迁移	项	2.00	150	300.00
3	门框、窗框找平修补	项	1.00	600	600.00
4	卫生间回填	m^2	3.80	70	266.00
5	窗台阳台护栏拆除	m	4.40	35	154.00
6	落水管包管套	根	4.00	160	640.00
7	施工耗材	项	1.00	1000	1000.00
	小计				3614.00
二	水电隐蔽工程				
1	给水管铺设	m	39.00	52	2028.00
2	排水管铺设	m	6.00	76	456.00
3	强电铺设	m	265.00	30	7950.00
4	弱电铺设	m	22.00	45	990.00
5	灯具安装	项	1.00	600	600.00
6	洁具安装	项	1.00	600	600.00
7	设备安装	项	1.00	600	600.00
8	全房开关插座面板与空气开关	项	1.00	2000	0.00
	小计				13224.00
三	厨房工程				
1	铝合金扣板吊顶	m^2	4.60	135	621.00
2	地面局部防水处理	m^2	3.00	80	240.00
3	墙面铺贴瓷砖300mm×600mm	m^2	18.10	160	2896.00

续表

序号	项 目 名 称	单位	数量	单价	合计
4	地面铺贴瓷砖300mm×300mm	m^2	4.60	160	736.00
5	厨房上部开门橱柜（深300mm）	m^2	1.30	560	728.00
6	厨房下部开门橱柜（深550mm）	m^2	2.00	660	1320.00
7	推拉门单面包门套	m	5.80	135	783.00
8	厨房推拉门	m^2	3.20	320	1024.00
9	橱柜台面铺装人造石	m	2.50	280	700.00
	小计				9048.00
四	卫生间工程				
1	铝合金扣板吊顶	m^2	3.80	135	513.00
2	墙地面防水处理	m^2	13.60	80	1088.00
3	墙面铺贴瓷砖300mm×600mm	m^2	18.90	160	3024.00
4	卫生间铝合金门	套	1.00	450	450.00
	小计				5075.00
五	卧室工程				
1	石膏板吊顶	m^2	1.00	130	130.00
2	顶面基层处理	m^2	14.20	22	312.40
3	顶面乳胶漆（白色）	m^2	14.20	10	142.00
4	墙面基层处理	m^2	35.50	22	781.00
5	墙面乳胶漆（白色）	m^2	35.50	10	355.00
6	上部开门衣柜（深600mm）	m^2	2.20	660	1452.00
7	下部无门衣柜（深600mm）	m^2	4.60	580	2668.00
8	下部衣柜推拉门	m^2	4.60	320	1472.00
9	柜后封板隔声墙	m^2	6.80	65	442.00
10	入墙储藏柜（深240mm）	m^2	4.10	500	2050.00
11	外挑窗台铺装人造石	m	3.10	280	868.00
12	成品套装门	套	1.00	1200	1200.00
13	地面铺装复合木地板	m^2	15.60	95	1482.00
	小计				13354.40

续表

序号	项目名称	单位	数量	单价	合计
六	次卧工程				
1	顶面基层处理	m^2	9.60	22	211.20
2	顶面乳胶漆（白色）	m^2	9.60	10	96.00
3	墙面基层处理	m^2	24.00	22	528.00
4	墙面乳胶漆（白色）	m^2	24.00	10	240.00
5	彩色铝合金型材封窗户	m^2	4.50	320	1440.00
6	轻钢龙骨石膏板隔音墙	m^2	2.00	140	280.00
7	窗台铺装人造石	m	2.10	280	588.00
8	成品套装门	套	1.00	1200	1200.00
9	地面铺装复合木地板	m^2	10.60	95	1007.00
	小计				5590.20
七	其他工程				
1	人力搬运费	项	1.00	600	600.00
2	汽车运输费	项	1.00	600	600.00
3	垃圾清运费	项	1.00	600	600.00
	小计				1800.00
八	工程总价				49905.60

1.6 热情是制胜的法宝

这里说的热情是指用热烈的心情去销售。设计谈单是情绪引导的工作。一旦情绪不佳，再怎么优秀的设计师也没法精神饱满地投入到工作当中。谈单就是上战场，作为谈单设计师如果在声音、魄力、气势上都败给客户，让客户占据主导地位，那么你的建议将很难被客户采纳。热情的重要性可以在一个没有多少销售经验的设计师身上体现出来。有些设计师刚刚接受完销售培训，根本没有实战经验，但他们创造的业绩有时比那些老牌设计销售人员还要好。究其原因，是销售热情在起作用。由此看来，签单与设计年限没有很大的关联，关键是设计师要拿出热情与客户进行沟通。

可能有人会误解，觉得谈单员的热情都是与生俱来的，但事实并非如此。再怎么活泼开朗的人，遇上不开心的事情也会精神萎靡，无法集中注意力投入谈单之中。相反，平常沉默寡言的人，一旦进入工作状态，就像按下电钮一样，随时切换成干脆爽朗的“谈单超人模式”。因此，不管设计师平日的性格如何，一旦开始工作，就必须做到朝气蓬勃、精神焕发，以最饱满的热情去接待客户或准客户。

★签单小贴士

提高热情度的方法

1. 进行发声练习

每天早晨可以适当进行发声练习，也可以练习说顺口溜，重点是要吐字清晰，同时保证速度。

2. 让情绪高涨

对设计谈单而言，工作时的情绪状态非常重要。如果有心情不佳的时候，需要尽快调整自己。

3. 鼓励自己

当我们抵达工作现场马上要见到客户的时候，在心里默念三声：“我是最棒的、我是最棒的、我是最棒的”。

第 2 章

签单的关键步骤

识读难度： ★★★☆☆

核心概念： 心理、情绪、转换思维、付定金、邀请客户

本章导读： 签单才是设计师的终极目标，从只会画图的菜鸟到签单大神，只要你掌握了签单的关键步骤，签单便轻而易举，会谈会签的装修行业人才，能更好地立足于整个装修行业。

2.1 客户的排斥心理

在我们的日常生活中充斥着各种各样的营销方式，最常见的莫过于电话销售了，手机传来悦耳的铃声，不熟悉的号码，犹豫片刻还是接了，“您好，我是某某公司的小郑，我们公司正在做大型的打折促销活动，你有兴趣过来看看吗？地址……”一听就是推销的，客户立马就会回应“不好意思，我在开会”。几乎所有的人都会收到各种莫名其妙的推销电话，也有人刚好有需要去看了，买的东西也不尽如人意，一些上当受骗的客户便再也不相信电话谈单了，而一些公司的开场白都是一样的套路，导致不少人一听到这种电话立马挂断并将对方拉入黑名单。

我们经常会遇到这样的情况，接到推销的电话或者看到推销员，总会想办法挂机或躲开，与其说“人情冷漠”倒不如说大家习惯性地把“谈单员”和“骗子”画了等号。这也是每个装修设计师需要反思的地方，现在做设计的大多与谈单带有关系，没有纯粹的设计，也没有不懂设计理念的营销人员。

你是否也有这样的经历，路过一家家具店，被橱窗里精美的家具所吸引，刚踏进店里，店员就开始口若悬河地程式化介绍，让你原本被吸引的美好心情在这一刻轰然崩塌，明显你已没有心情看下去了，而对方还是熟视无睹，说个没完……

所以，客户在面对谈单员的推销时，总是本能地怀有一种拒斥心理。为了防止谈单员的推销可能给自己造成的高风险，客户便在自己和谈单员中间设置了一道厚厚的“防火墙”，使谈单员无法接近自己。那么，作为谈单员应该如何打破这道“心理防火墙”，让客户主动安装我们提供的那些“非病毒的有益程序”呢？最关键的一点就是要获得客户的信任。

一旦客户在心里对设计师产生了信任感，发现对方确实有益无害的时候，就会毫不犹豫地同意对方的“安装条款”。所以，可以说，卖“信任”胜过卖产品。

市场上的装修公司很多，一旦出现了意向客户，多家公司的谈单员一哄而上，有的客户被这种阵仗吓到了，有的客户说这种感觉就像是“猫见到了老鼠，感觉自己要被吃掉了一样”。结果还没跟客户搭上几句话，这个客户就已经走远了，更别提后期的谈单签单的可能性了。

死缠烂打的推销方式，这是最让客户感到厌烦的。一般消费者在购买东西的时候，都喜欢在舒适的环境和愉快的心情下完成交易，但是谈单员为了能尽快促成交易，会不停地用语言轰炸消费者，不停地跟客户介绍产品的好处。客户几乎没有插嘴的机会，这个做法会把客户仅存的一些好奇心都磨灭掉。

拒绝是客户习惯性的反射动作，因为客户有先入为主的思想，而且这种思想很难转变，他觉得推销就是为了赚取利润，这使他的心理会很不平衡，所以他会习惯性地表示拒绝。很少有人会只听了介绍就成交的，一般情况下推销时要先让客户能够听下去你的介绍，然后他才有可能思考到底这对他有没有利，进而促进成交。

谈单签单过程就是让你的客户从拒绝到接受、从排斥到认同的过程。只要设计师在谈单的过程中善于观察、总结，客户的心理还是有一定的规律可循的。比如，客户对谈单员会有抵触心理，对产品的质量会有怀疑心理，对价格都有嫌贵的心理，在成交时又难免犹豫。同时，客户都希望得到谈单员的重视与尊重，都希望自己能受到最好的服务，等等。

然而，在实际的谈单过程中，一些设计师并不懂得客户的这些心理，他们只是一味地拼命地预约客户，见到客户就迫不及待地介绍产品、报价，恨不得马上成交。可是无论谈单员怎样讨好客户，客户就是不买账。因此很多谈单员抱怨客户不近人情、抱怨谈单难做，整日带着消极情绪去见客户，这样就更难以产生好的业绩。如此恶性循环造成的后果就是很多设计师当了签单战场上的逃兵，这也是装修行业人员流动性大的原因，涉及谈单行业的职业都有这样的问题。

其实，这些“逃兵”们失败的原因就在于，他们只知道苦干、蛮干，见客户时甚至流露出咄咄逼人的情绪，这很难不把客户吓跑。所以，要想成为签单战场上的常胜将军，设计师就必须掌握一定的谈单心理学，灵活运用一些谈单的技巧和方法，学会站在客户的角度考虑问题，这样客户才能不请自来，谈单设计师才能取得良好的业绩。那么，我们该如何看穿客户心理，成功推销出自己的产品能顺利签单呢?

★签单小贴士

客户类型分析

1. 踌躇不定型客户，就是对装修合同的签与不签，或者到底是选用哪种风格，买哪个品牌材料等问题一直犹豫不决，难以决策。

2. 瞻前顾后型客户，对付出的和得到的总是斤斤计较。总是希望失去的越少越好，得到的越多越好。既有患得型的消费者，也有患失型的消费者，还有两者兼有的消费者。

3. 讨价还价型的客户，讨价还价是很多人的习惯。但讨价还价的人还分为贪小利和不知足两种类型。因为讨价还价型的消费者思维很灵敏，特别是对于价格或折扣很敏锐，所以设计师一定要对数字敏感。对方一旦杀价，就要马上判断能不能优惠。

4. 理智型的客户，常常习惯于通过推理判断来决定购买与否，只选择自己所需。设计师只需要少说多听，适时地表达出建议其购买就可以。

5. 信心满满型的客户，常常会对设计师的推荐置之不理，认为自己最了解自己需要什么。对于这类客户，不管他是不是真的专家，都要尊重他，不要强制去改变他的观念，而应采用引导法。

6. 直爽型的客户，喜欢直来直往，其身心比较乐观、健康，在购买时很少会讳莫如深，与对方兜圈子，往往会直奔主题。很容易冲动地做决策，基本上不讨价还价。

7. 随性型的客户，该类客户最主要的特点就是购买时很少过多考虑，完全根据自己的感觉来。

2.2 化解客户的抵触情绪

在接单的最后阶段，装修设计师一定要设法解除装修客户最后的困惑，与客户达成签单成功意识。举例来说，如果在其他条件一样的情况下，价格是客户主要考虑的因素，那么你应该向客户指出：价格和成本是成正比的，你的优质家居能对得起客户所付出的价格。可以告诉客户，虽然装修价格比其他的装修公司略高，但在装修完工后的整个使用期间，不会再有其他的增加项目，除非是客户自己主动添加的项目，这样总的花费是非常合理的，因为它高贵典雅的设计风格可以保证以后很长时间内不会落伍，而且因为拥有自己的施工队，可以保障更稳定的施工质量，省去很多后期的维修费。

有时，客户最后考虑的问题来源于竞争对手。在装修市场，多家公司争夺一个客户的现象很常见，毕竟客户也想在“货比三家”后选择其中最好的设计，不怕货比货，只要你能让客户放心满意，其他公司的业余员也抢不走你的客户。这时设计师需要向装修客户做一定的解释，让客户了解你的装修设计的优点正是他实际上所需要和必要的东西，而你的弱点则对做出签单决定的影响不太重要。你可以指出其他设计师或许有不一样的方案，但是整体而言，你的方案是业主最佳和最低风险的选择。当你站在客户的角度去思考问题，客户又怎么会不动心呢?

↑设计师的用心能够从设计图上表现出来，细微之处便能看到设计师的良苦用心。

↑从进门的毛巾架到浴缸角落的置物架，设计师将每一寸空间都做了合理的利用。

每个设计师的设计都融入了自己的特色，如果设计师前期与客户的交流很顺利，同时客户对设计师的设计方案感到满意，但是还是想要多对比几家装修公司后再做决定，此时与其被动地强调自己，倒不如大方地让客户去对比，这样客户才会心甘情愿地签合同。

1. 掌握客户的消费心理

装修设计师真正的目的是满足客户的需要，要使客户接受你和你的设计或服务，首先要从关注、了解客户的需求入手。签单高手从来不打无准备之仗，不盲目地谈单，从不自以为是、一厢情愿地主观臆断客户的需要，甚至强迫客户接受自己的想法。设计师在面对客户前，要了解客户的心理需求。与客户沟通时，善于捕捉客户的需求信息，而不是滔滔不绝地介绍。因为，真正能打动客户的不是夸夸其谈，而是能满足客户的需求。

作为一名设计师，必须了解客户内心真正需要的是什么，客户的心理需求是什么。一般来说，客户购买行为要经过“你是谁?——你要说什么?——你说的是否可信?——我为什么要购买?——我为什么向你购买?”这样一个心理过程。在这五个心理过程中，签单设计师如果不能了解客户的心理，不能激起客户的兴趣，不能解决客户的疑虑和问题，就很难与客户达成签单。

★签单小贴士

开场白的重要性

开场白是成功开始交谈的第一步，也是给客户的第一印象。不管是做哪一类型的谈单工作，除了要做好老客户的日常维护，还要不断地去开发新的客户，无论面对老客户还是新客户，每一次电话拜访或者面访都离不开“开场白”，好的开场白不仅会使你的潜在客户对你有个好印象，对你的拜访更加感兴趣，更是成功交谈的开始。反之，没有一个好的开始，客户很难对你形成积极乐观的印象，对你的问候也就会漠不关心。由此可见，良好的开场白是成为签单高手的奠基石。

2. 突破客户心理防线

每一个人的心理活动是不一样的，你这样想，并不意味着别人也会这样想。因此，对于设计师来说，就要弄懂客户的消费心理，只有弄懂了客户的消费心理，才知道客户心里是怎么想的，才能抓住客户心理，开始无往不利的推销。

双赢会带来客户重复的购买，会带来客户的口碑，带来转介绍的一些新客户的购买。双赢意味着谈单不是一次性的，而是持续性的，它应该立足于客户的长期价值和整体价值。那么，怎样才能实现自己与客户之间的双赢呢?

物美价廉是许多人追求购物的最高境界，对于客户来说，最希望的事就是自己用最少的钱买到最好的产品，只有这样，他才获得了真正的实惠。设计师在推销自家公司的装修服务的过程中，就要注意满足客户的这种内心需要。切切实实给客户一些实惠。例如，装修公司会跟不少的品牌材料、卫浴、建材、灯具等公司合作，拿到的产品报价自然比市面上的价格要低得多，一些公司会直接以折扣方式将优惠给客户，也有的装修公司会以赠品的方式，赠送部分家用设备给客户，这些实实在在的优惠，一是可以直接打折减掉一部分装修金，二是可以省掉一笔不小的买家用设备的资金，对于客户来说，能够花更少的钱享受更好的服务。

★签单小贴士

设计是基础，签单是目的

设计和签单，是接单的两项重要的工作，二者缺一不可。设计师接单阶段的工作要经过一个过程，即“接单咨询→设计方案→完成签约”。在这些工作中，设计是签单的基础，因为签单是通过设计实现的，没有好的设计是很难签到单的；签单是设计的目的，设计师签到单，设计的目的才能算是达到。要想提高设计能力是不够的，设计师还需要娴熟地掌握签单技巧，而这通常包括怎样和各种难缠的客户打交道的种种能力。

3. 赢得客户认可

设计师拥有大客户资源的数量，是决定其业务绩效高低的关键。而在大客户开拓的过程中，多样化的开拓方式，是决定设计类业务人员在装修行业领域能否长期生存的关键。大客户开发需要发挥创意，满足客户求新、求异的心理需求，赢得客户认同。

对于设计师来说，客户就是“上帝”，然而“上帝”在选择过程中也会进行筛选和比较，可以说，谈单的过程就是客户对设计师的设计、设计公司从拒绝到接受、从排斥到认同的过程。想获得客户的信认，就需要设计师在沟通过程中，了解客户的需求，设身处地地为客户着想，时刻从客户的立场出发考虑问题，从而得到客户的认可，才能取得更多的订单。

总之，充分了解客户的心理是设计师成功的关键因素，也是企业经营者进行产品开发、创新、定位、宣传等不可缺少的条件。只有了解客户的消费心理，才能知道客户在想什么，我们能做什么。一个成功的谈单设计师需要了解客户的消费心理，尽可能满足客户的需求。

↑客户想要在家里多出一个可以看书、下棋的地方，设计师在设计中尽可能满足客户的需求。

↑了解客户的实际需求后，将需求整合起来，做到在一个空间实现多样化功能。

2.3 谈单的秘密武器

1. 闲话家常

开启谈单的神秘武器是闲聊。它是指琐碎、随意的谈话。但不要认为在重要性上它也很小，它可是非常重要的。打破抵触情绪与客户建立联系，最重要的就是闲聊。

假如你正忙于整理一件陈列品，场地里还有其他两三个设计师在一起闲聊。客户会找谁问话呢？当然是你。为什么？因为你很忙，看起来不会急于成交或太有进攻性，而且你看起来比别人更具有服务性，客户觉得他们可以打断你，他们的问题会得到回答，而且不会受到“伤害”。

任何时候“孩子”都是牵起闲聊话题的关键点，如果客户带着孩子进来，显然你有话题可聊了。天底下没有哪个父母不喜欢讨论孩子的话题，可以评论孩子的话说得多棒，还可以评论他或她多么能干，或者父母所推婴儿车的功能如何。在这里值得注意的是，不要去猜测孩子的性别，因为你有一半的可能猜错，这样会引起客户的心理不悦。

还可以与客户聊衣服。如果一名穿着时尚感十足的客户走进公司，你可以聊一聊他的衣服品牌，在哪个专柜可以买到这么新颖款式的衣服，走时尚路线的人通常都是非常自信的且需要得到他人肯定，你的赞美之词一定会让他感到心花怒放。

车是一个人生活水平、经济地位的象征，如果你恰好有看到客户开车进来，不管他的车是新的还是旧的、少见的还是昂贵的，有机会的话可以聊一聊。每个开车的人对自己的爱车总有一些可以自豪的地方。不管是什么车，客户通常总是愿意聊上几句。

女士的包也一直是开启闲聊的话题点，“每个女性的橱柜里永远都缺一个包”这句话适应每一位女性。包带给女士的不仅是装手机、纸巾等小物件的收纳功能，它更是一种装饰、生活品位、知识的显现，网络流行语“包治百病”正是印证了这一点。

★签单小贴士

180°路过谈单法

180°路过的谈单手法适用于有展厅或样板间的装修公司，设计师可以利用180°路过的谈单手法工作。首先，看到有客户进来参观，走近客户，跟客户打招呼。然后，走出三四步，在一个安全的距离观察客户，脸上露出探询的神态，询问客户是否需要帮助或者提问的方式之类的话题，大多数时候，客户会转过身来与你交流。

2. 出色的口才

谈判口才是日常通用口才的形式之一。它涉及许多方面的知识，包括个人的人生阅历、对生活的理解、对设计的认识、对材料的了解、对施工工艺的掌握程度以及消费心理学的知识。从某个意义上说，谈判口才就是知识口才，知识是谈判者口才的根基及源泉。

“知识就是力量”这一名言，可以说是放之四海而皆准的真理。丰富的装修知识能够提供多彩的话题。一般来说，具有更多装修知识的人，才具有较强的语言表达能力。知识过于狭窄，对客户所提出的问题就会缺乏见地，往往想开口而又无从说起；但若是自己熟悉的问题，便容易打开思维。因此，具有丰富的装修知识，比如专业知识、自然知识、历史知识、社会知识、风土人情知识、社会风俗知识等，才能与客户进行良好的谈判。首先应把自己的头脑充实起来，这样在与客户交流的过程中，才智横溢，流畅无阻，才能吸引客户，使签单成为情理中之事。

知识能够使人的言语插上华丽的翅膀。一个成功的设计师能够口若悬河、吐珠泻玉正是他综合知识的外露。在与客户交流时，同样的一个意思往往有雅俗不同的多种说法，同样一句话，不同的设计师说出来，有的显得笨拙生硬，有的就生动活泼，富有感召力，容易取得客户的认同，这与设计师自己的知识修养有很大的关系。知识是智慧的海洋，丰富的知识也是多种语言的土壤。

丰富的装修知识能够使人的言辞更有深度。谈判中，同样的一个问题，同样的一个设计方案，装修知识丰富的人讲起来有根有据，论述充分，当然能博得客户的赞同。

装修设计师还应关注怎样做才能使自己的言辞更得体。如果掌握了心理学知识，就可以较准确地分析出客户当时的心理状态，从而适时地表达出得体的言辞。古人云：“问渠哪得清如许，唯有源头活水来。”一个有谈判能力的设计师，在与客户交流时，的确可以源源不断流出淙淙的“活水”，而这“活水”靠的是对平常工作经验的积累与总结。

需要明确的是，首先，“谈客户”，意即客户是谈出来的，谈判与口才不可分割。其实，谈的过程是一种口才和心力的较量过程。谈判具有目的性。毕竟“签单”才是设计师谈客户的谈判动力，而“质优价廉”是客户的需求。其次，要有一定的策略性。谈客户的过程，既是口才的角逐，更是智力的较量，而出色的设计师总是善于调动客户的情绪，引导客户的消费观念，引起客户的签单欲望，运用自己丰富的专业知识，取得客户的信任，从而顺利地与客户签订合同。最后，要有很强的时间观念。谈判不同于朋友之间的聊天，要掌握合适的时机来决定与客户沟通的时间，前面开场白与客户已经开始了闲聊，此刻设计师就需要拿出自己真实的业务水平，过多的闲聊会让客户觉得你的实力有待商榷。

2.4 快速转换思维

1. 从闲聊到谈单

经过短时间的闲聊后，开始进入谈单的阶段，设计师可以开始试探客户对于装修的一些看法及需求。假如在闲聊之后，你使用了转换句“今天你怎么有时间来我们店呢？”然后，你还是得到了一个拒绝性的回应，比如说“我只是看看”，那么接下来怎么办呢？客户都很聪明伶俐，他们十分清楚如何令设计师放过他们，他们练习过多次，迅速出声拒绝，并且摆出一副冷漠脸让任何设计师走开。他们会说什么呢？当然就是“我只是看看”。

客户经常以“我先自己看一下”“我只是随便逛逛”“我只是来看看这里有什么”“我老公（老婆）在隔壁买东西呢”来回答设计师的征询。对此，你确实需要审视一下当下的情况。或许客户真的只是路过，也有可能客户也没有意识到自己说了这句话。但这句话是面对设计师的询问时的盾牌，非常有效，几乎是一个人本能的反应。

如果在你闲聊和使用了转换语言之后，你第二次听到了“我只是看看”。此时，你只有两件事情可做：一是把这名潜在的客户转交给另一名谈单员；二是，如果你有强烈的签单愿望，不妨拿这个客户来磨炼自己的签单意志。

一旦聊到客户有兴趣的话题，沟通就会变得顺畅。设计师需要认真倾听，而不仅仅是一个谈单员。

设计师对设计方案的介绍也非常重要。通常客户在店里来回观看店里的展示时，很希望不会有人干扰到他，但是作为一名设计师，应当避免与客户没有交流的情况。这时候设计师可以给客户做一个简单的设计风格、材料性质、户型等的介绍，当客户对某一处感到十分欣赏时，设计师可以拿出这个设计的设计说明给客户参阅。在此之余，还有必要向客户指出说明书的重点，从而让客户全神贯注于说明书，欲罢而不能，由此，才能完全掌握了节奏。一个小小的设计说明书的介绍就能体现出签单高手与和普通设计师的差距。

2. 不要问“可不可以”

很多设计师介绍完装修设计后急于与客户达成交易，会一边询问客户对设计方案是否满意，一边等结果。而我们在洽谈、人际关系、必要性、商品介绍等方面付出的巨大努力，都会因为这一句话付之东流。可能有的人会回答：“嗯，我觉得不错。”但是更多的人听了这句话，都会回答“让我再考虑考虑”“我和家里人商量商量”“我没带那么多钱啊”之类的话，把话题终结。

不管设计师之前的交流、设计有多好，一旦涉及“掏钱”的话题，客户都会不由自主地拒绝，这是大多数人的反应。所以在谈单的过程中应避免主动问客户要不要买，这样会让他们瞬间冷静下来。假如客户也是第一次收房与设计师做设计交流，没有实际体验，却被问到设计方案如何时，结果当然是没有什么特别的感觉，下不定决心、想去别家看看、想再考虑考虑，这些都是人之常情。

3. 引导客户二选一

没有对比就没有伤害，做两手准备是没错的，从客户的角度，一份好的与一份逊色的设计方案还是可以看出来的，客户自然会倾向于更好的设计。

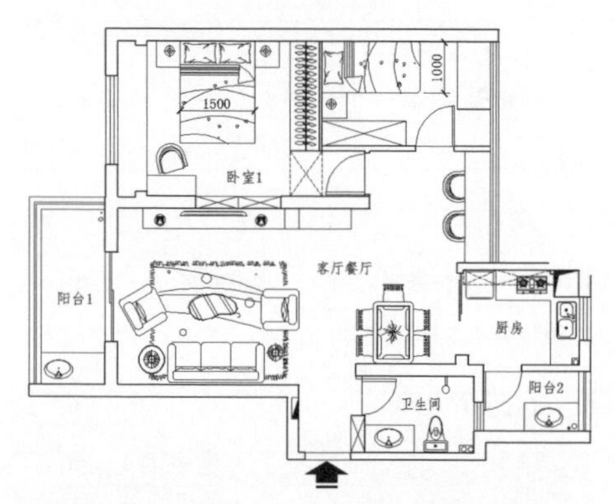

↑设计师在做第一份设计时，更加注重整个家居空间的布局，整个风格简单、朴实，没有过多地做储物设计，相对于第二份图纸，预算和成本报价也比较低。

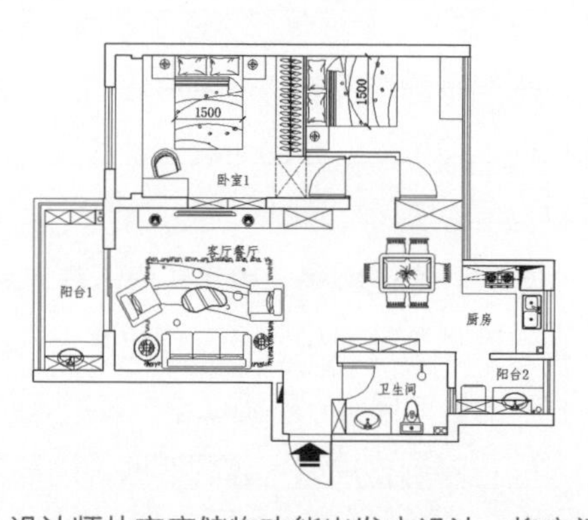

↑设计师从家庭储物功能出发去设计，将空间中能利用的部位，都做成了带有功能性、美观性的设计，更加注意生活的长度，例如将次卧的空间扩大，改变布局。

当客户遇到了更加合乎心意的方案，肯定会毫不犹疑地进行选择，既然客户没有任何的疑问需要解答，此时设计师只需要将合同准备好即可。此时客户一般都难以拒绝。就这样，在客户几乎没做出抵抗，茫然不觉之间，我们已经帮他们整理好了合同的重要注意事项，只等他们签字，就可以结束“战斗”了。当然，这种方法不适合具有选择困难症的客户，这样会影响谈单进度。

★签单小贴士

二选一法则代表的是一种必胜的信念，一种绝对成交，一种不达目的誓不罢休的态度。不要问客户“你要不要买”，要直接问“你喜欢 A 还是 B？”假如你突然问他“你打算什么时候购买”，许多人在面对这样的问题时都会选择再考虑考虑；但若给出两个选择，让客户有选择，有对比，从而知道自己内心最需要什么，并最终促使客户可能当即做出选择。

2.5 引导客户付定金

在设计师接单过程中容易出现这样一种现状，即客户总是要先看见设计稿之后才会交定金，但是往往提交设计稿后，客户总是以这样那样的理由，例如设计没有创意、家具风格不明显等不通过，然后进行第二次设计还是不符合其心意，最后就不了了之，白白浪费了时间。当然，不排除一些设计稿可能真的达不到客户想要的效果，才会通不过。但无论实际情形怎样，都会影响到设计师的接单成功率和设计时间。所以，在进行接单时，设计师需要学会快速收取设计定金的方法。

揣摩客户是个什么性格的人有助于有些人很强硬，工作很不好做，就需要让客户知道很尊重客户，需要先肯定客户，再引导客户，并让客户明白，设计师的方案再好也和客户的生活水平分不开，设计师的理念再高，也要和客户的思维相匹配。有的客户细致，那么设计师所想的所做出的建议就要比客户还要细致。有些客户拿不定主意，这时候正是我们设计师帮客户做决定的时候。

1. 主动要求客户交定金

经过双方的充分沟通和交流，客户对于装修公司的施工和服务水平、设计师的人品、设计能力以及设计方案和预算报价都会有了比较明确的认识和初步了解。特别注意的是，设计师对于客户提出的意见当场做出了修改，并马上把调整后的方案给客户看。这时，如果业主当场有装修意向，一般双方就可以签订设计合约，并适当收取一些设计定金。此时设计师一定要鼓足勇气对你的客户明确提出这个要求，不要怕被拒绝。这一步是非常必要的，合同是一定要签的，定金的数额可以酌情少一些，但也是一定要收的。一般只要客户签了合同并付了定金，这单设计也就定了，90%以上的客户都不会反悔。

设计师可以介绍公司的优势、其他客户的选择及交定金情况来引导客户，客观地帮助客户分析公司的优势和劣势，帮助客户熟悉市场，让客户心服口服，吸引客户提交定金并签订合同。同时要稳定心态、不卑不亢、心平气和地关心客户，鼓励他的消费欲望，需给客户展现沉着稳重的形象。不要表现出急于成交或不耐烦的神态，过多的表情会让客户看透你，反而不利于其交付定金。当然这些都应建立在客户已经对装修方案、价格都满意的基础之上。

如果客户在价格上还在犹豫，设计师需要量力而为。不要跟客户纠结价格问题，明白自己优惠的底线，时刻牢记“一分价钱一分货”的道理，不要随便做主将优惠给到客户，毕竟优惠政策是公司决定的，而不是个人可以决定的事情。可适当根据公司当期活动给出优惠，但总体优惠金额需控制在公司允许范围之内，并且价格优惠的幅度必须先大后小，当自己做出价格优惠时，要求客户在某些方面也做出让步以做交换，要强调自己在价格上优惠给客户带来的利益和价值，必须让客户明白你的优惠是严肃的和有保障的。

如果已经交流到了最后，客户还是显得犹豫不定，可与客户签订《售后服务及质保期限承诺书》，售后服务的内容主要包括以下方面：一是售后服务单。它属售后服务范围，是装修工程完工后由装修公司向客户提供的服务项目表。它应该包括装修公司的服务项目、服务方式、服务时间等。追踪服务卡（保修期外），是对保修期外客户还需修补或改造项目的回执。业主今后的装修需求，可以通过此卡联系装修公司。二是提供咨询服务。在装修之后，例如设备设施的使用及保养、清洁等，业主都可以向装修公司咨询，装修公司也要提供周到的服务。三是按照标准收费。一般来说，如果在保修期内出现的问题属于施工质量范畴，装修公司应该免费维修。保修期外应只收材料费和工时费，其他费用按理应该免收。

在装修行业中，收取和缴纳设计部分定金，一方面，表明了客户的诚意，同时也是对客户的一种约束，避免因客户中途变卦而导致装修公司做了大量无用功；另一方面，它也能让装修公司员工全身心地投入到工作中，不会有消极怠慢客户的做法，保障设计师如期向客户提交令人满意的装修方案。

近些年来，装修客户已经理解并接受缴纳装修定金这一概念。装修定金可以从装修工程总款项中返回，如因装修客户的原因而未能与装修公司签单，那么此装修定金将作为装修公司的经济损失补偿或设计师的劳务报酬，是不会返还给客户的。

2. 据客房实际让客户交定金

很多装修公司会在节假日举行大中型的现场促销活动，场面十分的火爆，一些设计师会同时接待多位客户，但是活动结束后，清算业绩时，就会发现交定金的客户很少，当然也有之后来公司考察的客户，但也寥寥无几，促销这么激动人心的时刻客户都没有与你合作，活动过了估计可能性更低。为什么客户很多客户现场咨询后不想交定金呢?

客户出现这种情况无非就是两个方面的原因：一是担心质量不好，毕竟没有经过实地考察，直接交定金客户也很担心自己的钱会打水漂。二是基于优惠心理，“端午节的活动是打八折，那么国庆节的活动力度会不会更大?”当客户这样想时肯定也不会马上交定金，而是选择观望。

对于客户的这种心理活动，谈单设计师要懂得打心理战。可以对客户说：“这次保证是全年最低价格，如果您发现以后我们活动比这次价格还低，我们十倍补差给您，盖章为证”。“我们××是大品牌，说到做到，最起码的诚信是必须的”。“我们大区经理还在那边呢，您赶紧下订找他签字盖章哦。”等等。

如果客户对现场推出的优惠套餐产品不是很称心，多半是对出样的产品不满意，例如颜色、花纹等，对此可以承诺其预定之后可以到门店同价格的花色调换。另外就是在客户心目中，可能价格还是有点高。客户分三种：第一种是不差钱；

第二种是重质量、讲价格；第三种是只看价格。因此要分别对待。对于不差钱的客户，直接讲产品价值，跟他身份匹配；对于重质量、讲价格的客户，与客户谈论这个套餐的性价比，告诉他这个产品会给他今后的生活带来什么好处，然后与其他同类型的产品做比较，比如可以是性能、价格等，这样客户能够更清楚；对于只看价格的客户，可以把套餐的各项材料单独分解给他，套餐里的种类很多，要让他感到这个套餐与材料的原价相对比，自己得到了实实在在的优惠，客户就会很乐意交定金。

➔ 案例一：对于有些刚拿了钥匙，还没开始装修的客户

设计师：后面有活动了，我会给您电话，您还可以再来参加，选个最合适您的优惠套餐，享受最低折扣。您现在说不急，但是等下次您真要签了，发现活动力度没有这次的大，您心里会不会很纠结呢，如果是我，我会很纠结的。

客户：要是我现在签了，到时候这个风格过时了怎么办？

设计师：先生，您放心，我们的设计套餐款式、风格那么多，总有一款是适合您家的。

↑装修风格每年都会有一些流行元素，每年都会有新的装修品面世。

↑装修公司可以利用活动气氛先预定好未交房客户，后期再做出装修调整。

➔ 案例二：客户说过一会儿再过来

设计师：先生/女士，这是最后一套签单优惠了，因为这套是我们短期活动，我们店昨天下午才被总公司批了30套，签单非常火，如果您现在不签，待会儿我不一定保证还有。我们登记里面只有3套了，这款非常火爆，昨天还签单了10套，所以您要的话要赶快定，否则晚上估计就没指标了，等到总公司组织活动起码得2个月以后了，现在我们各个分店的指标名额基本上都很紧张。

➔ 案例三：客户觉得价格可能还会有所下降

设计师：先生/女士，我建议您早点签单，反正早晚也得签，而且现在买绝对是最优惠的……说实话，您现在不签，下次再过来肯定就不是这个价位了，我觉得跟您真投缘，您就像我姐一样，不瞒您说，昨天开会听我们经理说总公司这个月月底就要调价，这次调价幅度挺大的，好像要上调10%左右，您也知道今年因为国家最新的CPI已经超过去5%，导致装修原材料、机器设备、物流运输、人工费用、房租成本上涨，所以现在买还是非常划算的，我建议您最好早点签，不然到时涨价了您多不划算啊……

➔ 案例四：赠送礼品

设计师：先生/女士，您看我们都谈了那么久了，都已经是朋友了，我也很想跟您促成这笔生意，毕竟都快年底了，我也想冲冲销量，您看这样行不行，我记得我们上次搞周年庆活动的时候还剩下一两件非常精美的礼品，这些礼品是专门赠送给装修金额达到30万元以上的VIP客户的，但我不能肯定，这样，我先帮您跟经理申请一下。你可别小看这个，我们选用的是最好的品牌板材，在市场上能用同种材料的装饰公司起码要贵几千块，很多客户都很喜欢。

★签单小贴士

二选一法则

二选一法则代表的是一种必胜的信念，一种绝对成交，一种不达目的誓不罢休的态度。不要问客户“你要不要买”，要直接问“你喜欢 A 还是 B？”假如你突然问他“你打算什么时候购买”，许多人在面对这样的问题时都会选择再考虑考虑；但若给出两个选择，让客户有选择，有对比，从而才能知道自己内心最需要什么，并最终促使客户可能当即做出选择。

3. 客户主动交定金

最有效、最直接让客户交定金的方法，就是邀请客户参观公司装修成功案例与公司的样板间。例如同一小区、同一座楼，客户熟悉或了解的小区、户型等。当客户知道某些很类似他们的人也请你做过设计并接受了你的服务时，他们会受到很大的影响。当某人一听到认识或尊敬的某人已经跟你签订了装修合同，他通常会立刻做出相同的决定，而根本不需要听其他的说辞。假如另外一个类似他的人会满意，那么他也一定会满意。但要注意的是，适当和适时很重要，不要让客户感觉设计师在吹嘘或在抬高自己。

陪同客户看样板间也是可以利用的关键点，样板间应当以装修完的房子为主。好的样板间会让客户动心，尤其是客户即将要搬进新居，家具、家电、窗帘都已经布置好的时候，因为这时去看样板间，才有真正的效果。在客户看样板间的过程当中，设计师可以解说房屋装修的经过，将自己陪同客户采购的细节加以描述，将各个空间的家具家电配套予以现场介绍，从而让客户感觉到你不仅是在帮他做装修，而是在为他打理一个完整的生活。如果客户对样板间比较满意，待客户交完定金后就要在适当的时候拿出设计协议，让客户签下装修协议书。

2.6 把握适当时机邀请客户

1. 电话邀约客户

设计师：李先生您好，不好意思打扰一下，我是在咱们小区跑业务给您发过名片的那个小王，看您的房子还没有开始装修，这边想咨询一下您装修这块是怎样考虑的呢?

客户：定了。

设计师：哦，是交了定金还是已经签合同了呢,如果是交定金那还可以做对比的，装饰公司的定金如果不满意都是可以退的，交定金不会影响业主和其他装饰公司做对比，所以还请您慎重考虑。

客户：还没订呢，现在就在考虑。

设计师：哦，是这样的，我们在本市装饰行业里面算是比较有特色的一家公司，我简单介绍一下我们公司，您也可以参考一下，公司是一家成立四年的正规公司，规模很大，实力有保证，老板都是我们本地人，公司一直依靠工地质量生存，主要是工地质量做得好，靠客户口口相传，介绍老客户为主，有意向的客户我们都会先邀请来参观我们的施工现场，实地考察我们的施工工艺、使用的材料、整体搭配等，如果对施工满意，才会根据客户要求做详细预算和设计方案，所以您在没有确定装饰公司之前完全可以把我们公司作为备选之一，理智对比，慎重选择。

客户：我现在不想装……

设计师：那行，这样吧，我给您发个公司的联系方式和我们施工工地的进度，您有需求可以联系我！

客户：你帮我算一下，我的房子是100m^{2}的，按你说的质量，你们公司装修完大概要花多少钱。

设计师：李先生，是这样的，大多数客户都和您一样，对目前的装修市场不是特别熟悉，才会问这样笼统的问题，我给您简单地介绍一下，现在家庭装修主要分为半包和全包两种模式，半包就比较适合时间充裕、对装修知识有基础的客户，关键是装修的材料客户自己买，然后我们主要负责所有的工程部分和辅助材料。第二种就是全包，也就是我们常说的“包工包料”。这种适合平时没有时间的上班族，我们公司负责所有的材料和工程部分，业主在装修的过程中只需要负责按照合同内容验收工程即可，我们完成每道工序后会打电话让您过来验收，这两种装修模式主要是考虑您的上班时间，您可以根据您的工作时间来定，还有就是我们装修的价格是受到设计方案影响的，没有确定房子装修风格、材料的档次、施工的工艺这些因素，就没法确定装修方案，价格就无从谈起了。

↑半包由施工方负责施工和辅料的采购，瓷砖、地板、洁具等主材则由业主自行采购，适合对装修的设计水平和个性化要求较高、有一定经济实力的消费者。

↑全包也叫包工包料，即所有材料的采购和施工都由施工方负责，适合工作繁忙，或对装修完全不了解的消费人群。

客户：那你们装了那么多房子，应该知道像我这样的100m^{2}的房子装修完大概要花多少钱吧，请问全包多少钱，半包多少钱？

设计师：那是当然，您这个面积的房子我们经常遇到，一般我们是不会这样草率地报价的，如果您非要了解价格，我只能给您报个大概价格，按照自己居住的装修要求，中等档次的装修标准，全包模式装完大概要8万～10万，这个价格只是参考，按照不同业主对装修的要求不同，有的装完5万多，有的装完10多万，都不一定的，所以您房子的装修价格得按照您的实际情况做详细预算。半包的话就更不好给您说价格了，因为每个人对半包的理解是不一样的，每个公司半包包含的东西也是不一样的，所以没办法给您十分细致的报价。

客户：哦，这样呀。

设计师：我们公司前期量房、设计、预算、出图、报价这些都是免费的，不忙的话约个时间我们聊一聊，给您出一套详细的装修方案，您就能准确地知道您的房子装修完要花多少钱了。

客户：哦，那关于价格还是等于没说嘛，我想问问你们铺砖多少钱一平方米，改水电怎么收费的?

设计师：李先生，是这样的，我们公司的铺砖人工费是45元/m^2，水泥、沙子运费是20元/m^2，加起来是65元/m^2，但是关于这个问题我想解释一下，我有很多客户都会问铺地刷墙的价格，我也经常回答这样的问题，但是我回答多少客户都会觉得贵，因为总有别的公司报价60元、55元甚至50元……

客户：那你们公司的报价是多少?

设计师：所以这样是没办法在两个公司之间做对比的，因为铺砖只是整个装修费用中很小的一块，单独比较一项或者几项费用是没办法知道真实的价格差别的，每个公司都有自己的报价模式，举个简单的例子，我们铺砖是65元/m^2，有人报价50元/m^2，您会觉得我们贵，但是您可能不知道我们公司的衣柜橱柜比别家更便宜，用的板材也比别家好，所以我经常和客户开玩笑说，如果你和铺砖工人没有仇的话，就不要再纠结单项报价了，还是要从整体报价来比较。

客户：那跟你说实话吧，我之前去看过几家公司，按照你说的中等标准的装修，全包的模式，几家公司都报价在6万过一点，你们的8万左右，还是比别家贵。

设计师：先生是这样的，多看几家是对的，俗话说“货比三家不吃亏”嘛，但是就装修行业来说，比较价格一定要在同样的质量基础之上，否则是没有可比性的，举个常见的例子，都说是全包，但是据我所知大部分公司的全包所包含的项目和材料都是不相同的，有的限制了衣柜的面积，有些限制了橱柜的米数，还有些公司为了拉低价格用质量低下的板材和五金，如果我现在笼统地告诉您我们公司用的都是好东西，所以价格比别人高，您一定不会相信是不?

客户：嗯，这个确实是，那我再考虑一下……

设计师：李先生，刚好我们下周五在装修中心有活动，您周五有时间可以过来了解一下，看看我们的样板间设计，时间充裕的话，我可以带您去看看我们给其他客户正在装修的房子里面用的是什么材料、什么工艺，全包包含的都是哪些东西，在完全了解完公司的情况以后，您觉得不是您想要的，那您完全可以再去别的公司去做比较，在同样的施工工艺、施工材料质量基础上比较价格，如果您还是觉得贵，那我就真的无话可说了。

客户：行，看你这么实在，那周五我们好好聊一下。

2. 上门拜访客户

开场白：您好，请问您是方小姐吗?

客户：是的，你是?

回答：方小姐您好，我姓杨，是装修装饰公司的设计师，想咨询下您房子现在有没有考虑装修呢?

客户：暂时还没考虑。

提问：哦，那您是计划什么时候装修呢?

客户：可能明年吧。

回答：哦，是这样啊，其实如果您明年有装修计划的话，可以考虑利用下半年这段时间，好好比较几家装修饰公司。现在人工费和材料费年年都在上涨，提前准备会为您节省不少钱呢!

提问：您是打算自己找装修队装修，还是找装修公司呢?

客户：自己找装修工人来装修吧!

回答：自己找人装修的话，也是可以的。只是首先在设计这一块，装修的风格可能就没办法做到很统一，很多游击队和小型装修公司的设计都是东拼西凑，不少业主装完就后悔；其次，在施工材料这一块得要您自己一家一家去选，耽误了您工作的时间不说，购买的材料质量也参差不齐，而且以个人去分批采购的成本有时还要比装修公司更高呢!

↑装修游击队分布在各个小区外的马路边上，能够随时根据装修家庭的需要进行各个工种作业，工作时间不固定。

↑有资质的装修公司都有自己的装修施工人员，基本上都是持证上岗的，对于装修的经验丰富，能够更好地为业主服务。

客户：我已经有联系的装修公司了。

（这时候去问客户联系的是哪家公司，普遍客户都是不会说的，那么我们就要转移话题，开始推荐自家公司）

回答：嗯！那看得出，您对装修这块还是有很周到的考虑的。确实，多比较几家公司，能看到公司之间的差异化，也可以帮您选到最适合的装修服务，您看要不这样，您什么时候方便，也可以到我们公司来看一下，或者我可以安排设计师给您量房验房，做个平面设计方案和预算，您看怎么样?

客户：我已经在联系我们本地的一家装修饰公司了，你们公司有什么不同之处吗?

（这两个问题的性质是一样的，一旦客户自己说出那家装修饰公司的名字，不管是大是小，都说好，如果这个公司你压根没听过，也不要说没听说过之类的，这会让客户觉得你很不专业。简单一笔带过之后，也要转回到自己公司的介绍上来）

回答：哦，这家装修饰公司也是一家比较好的公司，不过像我们公司的话，在全国拥有超过100家的门店，遍布15个省份，而且都是由总部直营的。全国统一的施工标准，我们有4项专利技术，比如单管单线等，这是别的公司模仿不来的。也是唯一一个连续六年获得“全国住宅标杆工程示范企业”称号的装修集团，在工程质量这块口碑一直很好，您也可以考虑到我们公司来看一看哦。

客户：哦? 是嘛。你们公司是怎么包的啊?

回答：我们公司是以全包为主的，当然半包也可以做。那我要重点给您介绍一下我们的“任意装”产品。任意装的概念就是“风格任意选，材料任意挑，项目任意做，数量任意加”。像吃自助餐。那“任意装”推出的最核心的意义，也正是我们公司最大的服务优势，能充分保障您的预算安全，绝不会像其他公司那样，预算一个价，结算又是另一个价，完全避免了“层层加价”的这种装修陷阱，哪怕您是在开工之后有增项，我们都不会让您加钱。这样您装修起来就没有任何后顾之忧啦!

客户：你们还能这样做啊? 那价格会不会很贵呢?

回答：我们的任意装分为两个部分：一种是不包含木制作的价格，是888元/m^2，如果您喜欢用定制衣柜的话，那这种方式是很适合您的。还有一种是全房的柜体都是在现场制作，当然我们是采用E0级的环保板材给您做，这部分我们只需增加298元/m^2，那您想做多少柜子，我们都可以给您做到位的。这才是真正意义上的全包，而不是像某些公司做套餐那样，广告打得是很有诱惑力，但实际上限制这个限制那个，谈着谈着您就不想跟他谈了是不是？

客户：嗯，确实，你们装修公司的套路就是太深了，我之前接触过几家，都是广告打得好，过去咨询了才知道，这也加钱那也加钱，太烦人了！

回答：所以啊，您就可以来好好了解一下我们公司推出的“任意装”，只有负责任的品牌公司才敢给客户这样的承诺，也只有集团化的采购规模，我们才能做出这么低的价格。所以您选择我们公司，绝对会比其他公司谈起来更轻松、更愉快的！

客户：哦，这样啊。那我还想问一下，你们“任意装”里面都包含一些什么啊？

回答：我给您解释一下，“任意装”是一种全屋个性化定制的全包模式。里面除了水电、泥工、木工、油漆这些基础装修，这里面就包含水泥、沙子、水管电线、板材油漆这些基础材料，此外还包括您全房的瓷砖、卫浴、木地板、开关插座、五金件、橱柜、集成吊顶、实木房门和移门（推拉门、厨卫门、衣柜门）等九大类主材，一站式的集成家居，是很省心省力的哦。

（第二种回答：我给您说一下不包含的项目吧，您可能印象会更深刻一点。选择任意装，您只需要自己购买家具、家电、灯具、窗帘、大理石和一些个性化的软装配饰，其他项目都由我们公司给您搞定啦，是不是好方便！）

客户：这个确实很方便，我平时工作比较忙，也实在是没时间来操心装修这一块，所以装修一直拖到了现在，不少装修公司给我打电话，但都是“说得好”，去看了几家公司后就放弃了。

回答：所以，方姐，我不能保证您对我们的装修百分之百地满意，但是您跟我们公司合作的话，肯定是不会感到失望的，这个您是可以完全放心的，毕竟如果没有这个实力，我们公司也不会拓展这么快。

方姐，这是我们公司“任意装”的项目资料，您可以先了解一下，毕竟装修是大事，肯定是要多找几家公司对比。

这是我的名片，您到时候有空的话去我们公司看看，给我打电话就行，到时候我给您安排公司的金牌设计师帮您量房设计。

客户第二天就到公司考察，当场签下了装修意向书，并且全款交纳了装修金。

★签单小贴士

半包与全包

半包的主材是整个装修费用中的重要组成部分，业主自己采购可灵活控制费用；辅料由装饰公司统一采购，省心省力；半包由装饰公司提供完整的设计方案，设计水平和装修档次更高；同时，避免了全包对主材品类的诸多制约，能充分满足业主的个性化需求。弊端是业主自己采购价格较高，总体造价心里没底，很容易超标；辅料由装修公司统一采购，业主无法把关，如果使用劣质辅料或环保不达标，将影响整个装修工程的质量和日后使用。

全包省时省力省心，责权明晰，一旦出现质量问题，无论是施工还是材料，都由装饰公司负责；全包的报价透明，整体费用更容易掌控，不易超标；装饰公司集体采购的建材价格比市场价低 10%以上，更经济实惠；包含了材料的损耗，减少了自购建材导致的配件不匹配、不便安装等麻烦。缺点是目前装修市场混乱，某些企业缺乏诚信，而材料价格、种类繁杂，一旦装饰公司虚报价格，拿劣质材料欺骗业主，则很难识别。

第3章

现场签单大揭秘

识读难度： ★★★★☆

核心概念： 开场白、促单法、签单信号、巩固关系

本章导读： 签单需要设计师具有一定的谈话技巧，同样的一句话，从不同的人口中说出来会有不一样的意思，对于设计师来说，签单需要运用情商，有时候使用一些说话的技巧，就能让客户开怀大笑，并且签单也是需要一定的手法的。

3.1 开场白是关键

开场白是设计师与客户见面时，前两分钟（如果电话行销的是前30秒）要说的话。这可以说是客户对设计师第一印象的再次定格。与客户见面时，客户对设计师的第一印象取决于衣着与设计师的言行举止，虽然人们经常说不能用第一印象去评判一个人，但往往我们的客户却经常用第一印象来评价我们设计师，这决定了客户愿不愿意给设计师机会继续谈下去。而接下来便是开场白给予客户的印象，设计师的表达方式、真诚与创意会影响整个约谈的气氛。

当代世界最富权威的推销专家戈德曼博士强调："在面对面的推销中，说好第一句话是十分重要的。"客户听第一句话要比听以后的话认真得多。听完第一句话，许多客户就自觉或不自觉地决定是尽快打发销售员走，还是继续与之谈下去。因此，销售员要尽快抓住客户的注意力，才能保证推销访问的顺利进行。销售开场白是设计师与客户见面时前1～2分钟要说的话，如果是电话销售，进行开场白的时间只有30秒钟，否则客户会走神和不耐烦。客户往往会通过设计师在短短几十秒中的表现，来决定是否听设计师讲下去，所以作为设计师来说，要用好开场白技巧。

谈单设计师与客户交谈之前，需要适当的开场白。开场白的好坏几乎可以决定一次谈单交流的成败，换言之，好的开场白就是设计师成功的一小步。好的开场白应该独特、真诚、与众不同，能够勾起客户与设计师的交流欲望。这是最难的部分，足以区分普通设计师与签单高手。

通常人们购物在刚走进卖场时并没有什么不同。因此创造一种环境，让客户能享受与设计师在一起交谈的时光，主动掌控整个谈话的走向，一切都取决于设计师是否想要签单成功。

1. 金钱观

几乎所有的人都对"省钱"感兴趣，省钱的方法很容易引起客户的兴趣，大多数人都喜欢以更低的价格买到更加实惠的东西，每个客户的讨价还价就是最好的证明。

例如，在对老客户的拜访中：

设计师：张姐，我们公司今年新推出的集成设备，比市面上的同种设备要省一半的电费，上次就听您说家里的电热设备不好用，今天刚好是推广期的，原价5998元，现在只要2998元您就可以把它带回家，活动过后就会恢复原价，您今天可以先预定一台。

相信不少人对这些活动很上心，因为也确实是比平时购买更加优惠。这时候将订货单递给客户，问客户什么时候方便安装即可。

2. 真诚的赞美

每个人都喜欢听好话，客户也不例外，因此，赞美就成为接近客户的好方法。赞美客户必须找出别人忽略的特点，让客户感受到设计师的真诚。赞美的话若是不真诚就成为“拍马屁”，结果可想而知。

例如，刚进来的一位客户在抬手时意外露出了手腕上的腕表，从外表看出这只腕表价格不菲，这时设计师可以说：“哥，你这只手表看起来很与众不同，是什么牌子的啊”？客户听到这种隐藏式的赞美，一般会很高兴跟设计师交谈下去。

客户：这是RONDE SOLO DE CARTIER系列的腕表。

设计师：这表看起来跟设计师气质很搭，肯定很贵吧。

客户：还好还好，对我来说小意思啦。

这时候客户不会再觉得跟设计师说话很陌生，会很愿意跟设计师交流。

其次，当客户对价值不菲的腕表都觉得是“小意思”的时候，跟客户谈好装修方案之后，客户在交定金与付装修金的时候，肯定也会十分干脆利落，因为在潜意识里，设计师让客户的虚荣心得到了极大的满足，客户感到十分的愉悦，自然愿意签订装修合同。

3. 好奇心

现代心理学表明，好奇是人类行为的基本动机之一。美国杰克逊州立大学刘安彦教授说：“探索与好奇，似乎是一般人的天性，对于神秘奥妙的事物，往往是大家所熟悉关心的注目对象。”那些客户不熟悉、不了解、不知道或与众不同的东西，往往会引起人们的注意，推销员可以利用人人皆有的好奇心来引起客户的注意。

设计师：赵哥，您知道世界上最懒的东西是什么吗？

客户感到迷惑，但也很好奇。

设计师（继续说）：就是您藏起来不用的钱，它本来可以采购我们最新款的地暖，每天只需8.33元，就可以给您带来一整个温暖舒适的冬天。

如果与客户进入对话的过程非常容易的话，那么每个人都能做好，就不需要类似的学习了。人们发现很难甚至是不可能与客户进入对话。部分原因是他们不想投入时间来进行这项工作。同时，设计师忘了他们在工作之外是什么状态。设计师不可能成功地做到在生活中是这种人，而在卖场是另一种人。开场白之于零售，就像指纹的唯一性之于设计师。

带客户去付款开启销售可能是销售过程中最重要的部分，它是接下来的谈话能否发生的关键。通过有效的开场白，设计师能够化解客户的抵触情绪，增强询问探查性问题的能力。可以问问自己，此前在这个方面做得如何，是不是对此有过思考。

设计师的开场白是不是足够自信、有趣、机智呢？设计师与客户的关系是不是建立在正常的人与人交流的基础上的？无论是孩子还是成人，男人或女人，面对夫妇或是一群人，设计师的开场白是不是有效？如果设计师花时间思考场景并设想30～90个开场白，且勤加练习，那么其签单量肯定会比以前更高。

↑地暖是如今不少家庭选择的冬季采暖方式，尤其是有老人、小孩子的家庭。

↑相对于其他的采暖设施，地暖的安全性与保暖性都极好，受众多家庭的喜爱。

3.2 促进签单的六种方法

1. 反问促单法

在装修及软装装饰的谈单中，有时候需要使用一些营销的技巧，促进谈单的进度，达到签单的目的。假设设计师正在向一对夫妇推销一件他们两人都喜欢的卧室家具。设计师已经成功地展示了这件家具的价值，这对夫妇正等待自己要求他们购买。

“这件家具可以在周三前送到吗？”多数设计师会回答“可以”。但是就算知道周三前能送到，也不要这样说，如果在不确定的情况下，更不要这样说。应该立刻以一个成交提问作为回答，比如“您希望在周三送到吗？”或者“我们应该在周三什么时候送到？”

对于设计师的成交提问，如果客户回答说“好的”，就表明成交了。当然，设计师得遵守承诺按时送到。这一方法被称作反问技巧。运用该技巧即是把问题又还给了客户，也是对客户信息的再次确认。

但必须提醒设计师的是，在运用反问促单法的时候，要注意避免使用“如果我……，您能否……”这类语言。假设有个客户说“我想为我的新房找到一款带书桌的儿童床，大概在3000元左右的”，设计师马上说：“如果我能为您找到一台3000元以下的儿童床，您能否今天就下单吗？”大部分使用这种反问促单的设计师会为这种方式感到后悔，因为大多数客户都会说“我先看看”或者“我考虑一下”，设计师强烈的购买语气会让客户感到自己未被尊重。

这是一种过时的促单技巧，咄咄逼人的语气将客户拒之于千里之外，而且会让客户从心里感觉到设计师的不专业。现在客户的精明老练足以看透这些老套的推销技巧，所以设计师要适时地使用反问技巧。

2. 主动促单法

主动促单法经常是让犹豫不决的客户付诸行动的最有效方法。在客户对签单难以决断的时候，设计师有时应该放松微笑，跟客户开个幽默的玩笑，然后再要求客户购买。说的时候要带点儿幽默感，即使大部分时间设计师不是个爱搞笑的人。大多数客户会欣赏设计师的坦率和对这种局面自得其乐的态度。

当感到客户基本满意时，应积极主动地建议购买并简述购买的好处。这里的步骤是建议客户购买，其次是简述这款设计的好处。简述好处的目的是给客户信心，彻底消除其敏感心理。例如：“我认为这款定制家具十分适合您家的装饰风格，而且这款产品是目前我们整个地区销售量最好的，板材健康环保，建议您就买这一款吧！”

3. 第三方参考促单法

由于在购买新商品时，大多数客户都不是非买不可，所以有时设计师需要再多给客户一个购买理由，即使设计师已经为产品确立了足够的价值。

第三方参考促单法的目的是在客户不太有把握时，为他们增加信心。让客户知道，在设计师不知道的时候已经有很多人购买了这一款产品。设计师认识的某个人对上次家装服务非常满意。这里的“某个人”可以是任何人。这个人可以是一位最近路过的客户，顺便来对设计师公司所做的装修设计表示感谢；也可以是设计师的一位购买过类似产品的朋友，他十分高兴能够拥有如此优秀的设计。

客户真的会因为之前某人也买了这件商品，就对购买这件东西感到更为放心吗？答案无疑是肯定的，我们都会因为这个或者那个人买了这件商品而更加的放心。知道某个人已经买过而且感到满意，就能给予客户更多的信心去做同样的事。

不少单元楼的业主，在自己装修之前，都会到隔壁邻居那儿瞧一瞧，看看别人家的施工、效果如何，这也是客户自身寻求让自己放心的做法，所以在谈单时，一些设计师带客户看样板间也是基于这一点。

4.“极限低价”促单法

设计师在谈单的过程中每每避免不了与客户的讨价还价。很少有销售员知道如何使这种局面为自己所用。利用“极限低价”促单法能够安抚只讲求价格的客户，让他觉得设计师正在尽力争取最低的价格，即使设计师知道自己很可能无法做到。

通过展示帮助客户得到最实惠的交易，设计师会让客户对这笔交易投入更多的情感。例如，当设计师去确认大衣柜是否有减价的可能时，那位客户很可能在想：“哦，但愿能成，但愿能成。”此时客户对减价十分关心，由于购买的希望被提升，他也变得更加在意拥有这个大衣柜本身了，低价是许多客户在意的事情，大家都想要拿到更低的折扣，这种方法比较有用。

“极限低价”促单法能够帮助设计师解决价格上的棘手问题。如店里没有合适的地方可供设计师假装向经理请示的话，设计师可以要求经理假装正在讨论客户的打折要求。在使用“极限低价”促单法的时候，设计师必须做出成功的表演。

↑“极限低价”的促单方式能够激发客户的购买欲望。

↑一款材质、色彩相当的柜子，客户更倾向于有折扣的那一款。

5. 处罚促单法

处罚促单法通常采用这种形式，即向客户传达“我们一年只此一次活动，明天就要结束了”“这是我们最后一件存货了”，或者“明天恐怕就买不着了”，“销售活动明天就结束了，我保证这样的折扣可不会很经常有的”等。处罚促单法就是对想在设计师这里花钱的客户进行处罚。把这条促单技巧从设计师的列表上划掉。和那些老套的推销伎俩一样，在今天的零售环境中，它已经被过度使用了。

这类表达方式会令客户感到不快，而且多数只会让客户下决心光顾别的商店，在那些店里，客户不会因为想花钱购物而受到处罚。假如出于某种原因，设计师决定不得不对客户说一些类似处罚的话，那就不要把话说得像处罚一样。试着用其他的方法代替。

例如："这是我们最后一件存货了。我绝对没料到它能在明晚之前就卖完，但我还是得让设计师知道。"客户就会想，既然这是最后一件，有可能随时会被别人买走，那么我就先下手为快。

6. 订货单促单法

设计师是不是曾经见过，在客户还不准备去收银台付款的时候，有的设计师就已经开始填写订货单了？这又是一种有效的促单方式，称作订货单促单法。

假设客户正在谈论他希望对某件商品做一些改变。他可能想要设计师将酒柜的尺寸改小一点，或者想为书桌增加收纳功能。使用订货单成交法时，设计师的任务就是把客户的任何要求都写在一张真正的订货单上。

设计师拿出一张订货单，询问客户的个人信息，如姓名、地址、送货时间。如果客户毫不抗拒地把这些信息都告诉了设计师，就表示成交了。如果客户还不确定，反问设计师："我还没决定好，你怎么已经把订货单填了？"这种情况下，设计师要做的就是道歉，说以为客户已经决定要买了所以才会先填好订货单，通常这个时候客户也不会责怪设计师，毕竟和设计师已经交流了很久。

3.3 同时接待两位客户

可能我们经常会有一种购物体验，即走进一家商店时如果长时间没有人接待，会感到备受冷落，进而离开。当客户比设计师多时，怎么办？在许多的装修活动场合，尤其在争分夺秒做业绩的情形中，设计师不能在物理动作上以一个人应付两位客户，但是设计师也不能确定目前自己正在接待的客户能否最终成交，那么设计师就必须跟更多的客户去交流，寻找更多可以签单的客户。

1. 用口头协议留住客户

设想，如果设计师在为客户A服务的时候，客户B进来了。设计师必须注意到客户B。如果没有注意到，客户B很可能在没有任何人打招呼的情况下离开，或者与其他的设计师签约，这代表潜在的签单机会的丧失。很多店的客流量主要集中于一个时间段，特别在促销活动期间。千万不要在一个客户身上耗费太长的时间。有些设计师可能在签单高峰期就成交一个客户，在一个客户上耗费了很长时间。如果同样的时间花在那些比较快埋单的客户身上，可能已经成交好几单了。那么怎样才能与更多客户快速签单成交呢?

假设还是上述的情形，设计师怎样才能为自己找借口但又不激怒客户A呢? 答案是：用充分的爱和关注。设计师问客户A："能帮我一个小忙吗? "一般而言，对方的回答是："可以。""我跟另一个客户打招呼的时候，您能稍等一会儿吗? 我会马上回来。可以吗? "设计师会听到客户A说："好的。"在某种意义上，客户A和设计师达成了一个他在原地不动的协议。

设计师走向客户B，说："您好，能帮我一个小忙吗? "这个招呼既是设计师的开场白，也是与客户B订了一个口头的协议，可能客户B会用困惑的眼光看着设计师。尽管如此，客户总是会说"好"。

然后，设计师说："您能稍等一会儿吗? 我招呼一下那边那个客户，然后过来为您服务。这样可以吗? "假如客户B说"好"（实际上经常如此），那么他就与设计师达成了一个口头协议，他不会离开，他会待在商店里，因为他此前答应了设计师。

有的客户会说，"不，我马上要走了"，或者"我先到隔壁去看看，一会儿再回来"，或者诸如此类的。但绝大多数会说"好"。在试图同时接待两位客户时，使用口头协议会产生比常规做法好得多的效果。口头协议之所以有效，是因为设计师在用极谦恭的态度请求人们帮自己一个小忙。

2. 优先接待

公司突然一下就来了好几个客户。客户A穿着华丽，进来就直接看展厅里的真皮沙发。客户B穿着有档次，但进店后却是随便看看。客户C穿着朴实，进店后也是随便看看。

遇到上述这样客户较多的情况时，假如人手不足，应先接待有实力的和购买欲望强的客人，这类客户是有目标的观看，一旦有喜欢的款式会马上询问设计师，这时候如果设计师不在视线范围内，客户会很快离开。

很明显，在上面的例子中，客户A应成为签单员的主攻客户，因为其购买实力以及购买目标已经非常明确，其很有可能成为优先成交的客户。暗中观察客户的消费程度、体型、年龄、气质、适合哪个商品。要想快速成交，不要向客户过多介绍新品，帮助客户缩小选择范围，最好把客户选择范围限制在两种左右，至多不超过三种，这样更有利于快速成交。

↑根据客户的需求择取两款供客户选择，同时保证在客户的视线范围内。

↑一旦客户感到满意，将订货单给客户引导其付定金。

3. 兼顾全场

在销售旺季和流量高峰期的时候，很明显的一个特征就是客户多、设计师少，同一时间里可能有很多客户都有咨询、体验等需求，一个人接待一个客户是不行的，所以一定要做到兼顾，才能满足这种旺场的需求。

当客户进店时，如果设计师没有关注到，客户就没有被关注的感觉，这种感觉非常的微妙，可能直接导致客户进来随便看看就走了。那么这时候具体应该怎样做呢？旺场的时候，所有的设计师都要有全场意识，不要只顾着正在接待的客户，而是要照顾全场，尤其靠近门口的设计师更要时刻关注是否有新客户进店。如果有新客户进店，不管有多忙，都要带头接待。一句欢迎口号占用不到3秒钟时间，却一方面让新进客户受到了关注，也会让全场气氛更热烈起来。如果客户在此时有需要的话，肯定是找最开始跟他打招呼的那位设计师，那么设计师签单的概率会更大。

4. 制造埋单气氛

在很多客户同时进店的时候，我们经常可以看到很多客户在看商品、体验商品，店员也是忙得不可开交，结果一个这样的旺场下来，要么大部分人都不买，要么很多人排着队买。为什么会出现这样的情况呢？怎样控制这种情况呢？

其实人都是有从众心理的，当看到别人埋单的时候，一般都多少有种埋单的冲动，当看到别人咨询体验后不买时，也会有一种放弃的冲动。所以这个时候，设计师要做的就是制造出埋单的气氛。

那么如何营造这样的气氛呢？气氛靠的是声音，所以需要做的是：大声喊出埋单声和唱收唱付声，当有客户埋单的时候，导购要大声地喊出来："这位美女埋单，这边请。"这是一句引导客户走向收银台的话，却很快就能让其他的客户听到，收银的时候，收银员也要大声地喊出来："收到美女多少元，找零多少元"，这样此起彼伏的埋单声对那些正在犹豫的客户来说，具有非常大的影响力。这样就能减少接待一位客户的时间，争取了更多的时间跟多位客户交流。

5. 请同事帮忙接待

在装修签单中，很多客户都是自己提前电话预约来公司洽谈。洽谈时间基本上是由客户根据自己的空闲时间而定。例如，两位客户同时来公司，或者设计师正在与新客户谈方案的时候，之前没签约的客户也过来敲定细节，那么在这个时候，设计师一个人肯定是兼顾不了两个场面的，客户的时间都很宝贵，谁等谁都是不可能的事情！

这个时候可以请公司的业绩标兵或者上级领导帮忙接待，跟客户介绍时可以说："不好意思，我现在这边有点忙，这是我们公司的高级设计师（部门经理），由他先跟您介绍一下这次装修的方案，我先失陪一下。"这样客户才不会感到被怠慢，相反的，会有一种优越感。因为老客户对设计师已经有了一定的了解，看设计师在现场人气居高，也会觉得自己选择了有实力的签单设计师。老客户对设计方案已经看过了，那么就只剩付定金了。

3.4 坚决避免谈单中的五大错误

设计师需要掌握的签单技巧有很多，包括如何抓住签单信号、如何掌握签单时机、如何避免签单障碍以及如何针对不同情况采用不同签单方法等。无论如何，设计师都必须鼓足勇气适时地向客户提出签单的请求。设计师在接待家装客户时，常常会有因为抓不住客户给出的信号，让最有希望签单的潜在家装客户退避三舍，从而导致交易失败的情况出现。以下是在装修谈单中设计师常常会犯的五种错误。要学会在签单大战中认清它们并倾全力避免这种情况发生。

1. 避免和家装客户争辩

当设计师和家装客户争辩，设计师就是间接地说对方错了。一般人都很讨厌别人在大庭广众之下说自己错了，尤其是显然有错的时候。设计师的责任是要赢得家装客户的信任，令他们满意，而不是与之展开一场辩论赛。除非家装客户的问题是质疑设计师公司的诚信，或否定家装方案的品质，否则一语带过即可。在这时应该让客户把焦点放在家装方案、设计师可以为家装客户做些什么事情上面，而不是放在一些与签单无关紧要的小事上。

↑当客户希望做出一些富有童趣的设计风格，但又不愿意多增加费用时，可以先将效果图制作出来，对着图再来比较说明设计与造价的关系，不能凭空否定客户的理想。

↑日式榻榻米是很多时尚客户的最爱，但是功能紧凑甚至很拥挤的家具会给生活带来不便，不要以自己的生活习惯去与客户争辩这种风格如何不好，可以从家具的复杂程度指出价格较高、使用频率低等问题。

2. 不要时掺杂设计师的个人喜好

设计师可能对自己的喜好很执着，但同时也应该记得客户对他们自己的喜好坚定不移，毕竟房子装修了是客户自己住，而不是设计师本人住。家装客户往往都喜欢与自己品位类似的人签单，假如设计师强烈表达与家装客户相反的意见或立场，客户很有可能不跟设计师签单。千万别以为家装客户会认同设计师个人特别的信仰或喜好，即使客户在看方案时没有明确地拒绝设计师，之后也很有可能不再与设计师联系。

↑客户想要在地中海风格中加入些许的简约气息，打造小清新的感觉。

↑设计师坚持用经典的蓝白线条装饰设计，打破了客户原本的设想。

3. 不要攻击对手

假如没人提起设计师的竞争者，设计师就不应提起他们，绝对不要指名道姓地讨论对方。千万不要拿他们的家装设计与自己的设计做比较，或以任何理由攻击他们。为设计师的对手说好话，就是间接地褒扬设计师和设计师的家装方案。家装客户会因此对设计师有好感，尤其是设计师的对手在过去访谈中曾经恶意批评过设计师的状况下，更是如此。

★签单小贴士

不要诋毁竞争对手

当竞争对手出现的时候，设计师诋毁别人时，在旁观者的眼里，不管别人做得好不好，就算该对手技不如设计师，才不如设计师，但最起码设计师少了几分雅量。因此，设计师不宜诋毁竞争对手，诋毁别人就是毁灭自己。一个好的行业或者团队一定是在竞争中合作，合作中竞争，才能会有更好的进步和成长。一切用事实去说话，还有应该用真诚和良好的服务态度去与客户沟通。对于没有合作过的客户，要打消客户的疑虑，获取客户充分的信任。而对于合作过的老客户，即使有竞争对手诋毁，也依然不会受到任何影响。对于那些充满恶意的竞争对手，商家要用自己的产品事实去说话。好的产品质量和服务态度是不怕诋毁的，不过如果对方过分散布谣言，应利用法律手段保护自己的合法权益。

4. 避免自我吹嘘

装修设计师不宜在客户面前强夸自己的装修设计。如果说设计师对自己的家装设计已经达到吹嘘和不实陈述的地步，这样的做法会使客户感到厌倦，由于信任是最后促成签单最重要的催化剂，所以绝不可冒险做任何可能损毁信任的事。事实上，在目前普遍缺乏信任感的家装行业中，谦虚可能比吹嘘更能博得家装客户的好感。与其吹嘘自己家装设计的特别功能，不如引述其他家装客户愉快的使用经验。借别人的话来赞美设计师自己的家装设计。这样的做法比较容易让家装客户接受和相信，跟促单中的第三方促单法是一样的原理。

↑一个装修方案的好坏并不是由设计师说了算，也不是其他人觉得好就好，而是要得到装修业主本人的赞同。

↑一个好的设计肯定也是容易被大多数人接受的设计，设计师要避免自夸行为。

5. 不要超越家装权限

在设计师告诉家装客户可以给他折扣或提前进场或提前完工，而设计师并没有这种权限或者根本无法做到的情况下，设计师必须再回到家装客户那里去承认自己无法履行诺言，否则会破坏自己的信用，并削弱作为整个装修签单基础的家装客户关系。装修设计师不但要做对的事情，还得避免做错的事情。犯错会造成伤害，这就是我们在签单时应遵循的真理。

购买信号是示意客户准备并愿意购买商品的信号。购买信号并不总是显而易见的。设计师的信号接收天线必须足够灵敏才能识别出它们。它们可能非常微妙又难以觉察，有时候还表现在形体上。客户的肢体语言和行为有时候比说话更有说服力。没能识别购买信号的最大危险在于：在客户发出购买信号后，设计师所说的多余对话会意外地让客户放弃本来要购买的商品。要想听懂购买信号，首先要注意，它们通常在价值建立之后出现。如果没有价值，客户可能只是在问问题。建立价值之后，客户就是在阐明观点；如果设计师的回答可以接受，就有可能成交。记住：客户给出购买信号的时候，就是促成交易的最佳时机。

3.5 发现客户的签单信号

客户购买信号，是指客户在交易洽谈过程中所表现出来的各种成交意向。每一个优秀的签单人员都必须善于解读客户购买信号，捕捉销售时机。设计师在与客户交流时，要随时注意客户的一举一动，及时解读客户发出的购买信号，从而避免错过销售机会。

正确解读客户的购买信号，首先要善于观察。设计师要用心观察客户的面部表情，其次要及时领会客户的真实意图，设计师捕捉到客户的购买信号之后，要迅速做出反应，及时领会客户流露出来的各种暗示，以免错失成交良机，也要对客户的购买信号进行综合判断，判断客户购买信号的真假，揣摩出客户的真实意图。

1. 表情信号

表情信号是与客户在洽谈过程中通过面部表情表现出来的成交信号。这是一种无声的语言，它能够表现客户的心情与感受，具有引导性。例如，客户在听取设计师介绍装修风格时，表情专注如一，不断点头，或者面带微笑等。这些表情信号说明客户正信任或接纳设计师的设计方案，在这个时候应抓住时机，及时提出成交建议。

2. 语言信号

语言信号是客户在洽谈过程中通过语言表现出来的成交信号。这是成交信号中最直接、最明显的表现形式，是签单人员最易于察觉的签单信号。例如，客户对设计师推出的产品发生兴趣时，会通过语言询问方式。

例如，客户说："我可以再试一试这个沙发的弹性吗？""贵公司的家具售后服务有保障吗？""这个衣柜真是太漂亮了！""我的朋友也建议我购买这种家具，说它性能非常安全无污染，真是这样吗？"设计师应该从客户的话语中，捕捉其信号，促使与客户之间完成销售签单。

↑简洁的现代设计风格签单率很高，造型简单、设计简单、价格低廉，但是要有 1 ~ 2 处设计亮点，就能打动客户，如悬空式的隔板、高弹力沙发等。

↑石膏顶角线条与各类壁纸搭配是释放客户签单信号的关键，配上具有欧式风格的推拉门与地毯，绝大多数客户是不会反对的。

3. 行为信号

行为信号是客户在销售洽谈过程中通过其行为表现出来的成交信号。客户表现出的某些行为是受其思想支配的，是其心理活动的一种外在反映。

例如，客户想要将家里儿童房的电脑桌和床都换新，在听完设计师的展示介绍后，会不自觉地去走近观看、抚摩产品，详细查看商品的说明书，并要求查看具体的尺寸及使用材料等。这些行动已经明确地告诉签单人员其购买意向，签单人员应抓住签单的时机，及时促成交易。

有时信号是很微妙的，如客户重新坐回到椅子上，或者明确地问设计师：这些产品什么时间能送货?从客户的语言和行动上设计师可以了解客户的感兴趣程度。当然这些购买信号不是十分明确的，这就要求签单人员细心地留意客户的一言一行，准确理解客户的意见，大胆向客户提出签订供货合同或订单，抓住机会促成交易。有时，虽然客户有购买意图，但他仍会提出一些反对意见。这些反对意见也是一种信号，说明双方很快就有可能达成协议，促成交易的顺利完成。例如，客户有时候会觉得颜色或者质感不是很好，但是这些都不是问题，都是可以在制作时更换的。

★签单小贴士

控制交谈语速

在与客户交谈中控制语速有利于与客户交流的顺利进行。适当地放慢语速，给客户留下领会的时间，可以让客户更加清晰地了解设计师传达的意图；逐渐加快语速，可以有效地控制洽谈时间，减少客户的不耐烦情绪。因此，有效控制语速，是保证设计师与客户洽谈质量的重要因素之一。

在交谈过程中还可以根据谈话主题的重要性来调整语速，重要的问题应放慢语速，指出问题的重要性所在，不重要的问题加快语速，避免停留时间过长，影响交谈效率。在整个交谈过程中，重要的问题不宜超过 5 个，以免客户感到疲惫，穿插 3 ~ 4 个不重要的问题来缓解交谈氛围。

4. 眼神信号

对销售而言，眼神信号更具意义。客户的眼神是变化无穷的，当客户与设计师的谈话很投机时，眼神会闪闪发光；当他觉得索然无味时，眼神会呆滞黯然；当他觉得谈话索然无味、没有谈下去的兴趣时，眼神会显得飘忽不定；当他看方案思考时，眼神会凝住不动；当他下决定要与设计师签单的时候，从眼神中能看到他对设计师以及设计师的方案的肯定。

当设计师抓住了客户的这些眼神暗示后，就应该适时地调整自己的策略，把握客户的心理，让客户随着设计师的思维而动，从而达到成功签单的目的。总之，有经验的签单业务人员会仔细捕捉客户透露出来的所有信息，并把它们作为促成交易的线索，大方地向客户提出可以签单的建议，使自己的签单活动趋向成功。

及时发现客户的签单信号，能够加快签单的步伐，在更少的时间里创造出更多的价值。作为一名优秀的签单设计师，准确地掌握客户的签单欲望，能有效地提升自己的专业知识素养。当然，拥有足够的客户源与签单量，才能在装修行业中成为佼佼者，只有积累了大量的签单实战经验，才能够快速地与客户成功签订装修合同。

←从客户与设计师交谈的眼神中，发现客户在某时间段的反应，能够在签单的过程中抓住客户的疑虑、困惑、不解，从而在谈话中获得主动权，促进成功签单。

3.6 巩固与客户的关系

1. 开发新客户

新交房小区是客户量最大的地方，对于家装业务从业人员来说，有时最困难的问题就是不知道如何寻找客户。而新交房小区在交房期间，每天都会有大量的潜在客户出现，所以设计师一定抓住小区交房这个机会。首先就是要准确地知道小区的交房时间和地点，不要错过小区交房时间。

其次就是要提前做好业务准备，与物业公司建立良好的关系，防止其他公司垄断市场，这一工作公司应该配合设计师做好。准备相关资料，包括宣传资料、本小区的户型解读、本小区部分户型设计方案。为了达到最好的宣传效果，公司应该提前派人前来量房，将所有户型都量出来，做出详细的解读，并可针对每一套户型，做出相应的预算方案，最好是以小区套餐形式，推出几种基本的家装套餐；也可以提前设计好几种户型的方案，将这些资料组合成一本《业务讲解图册》，保证每个在小区活动的设计师人手一本。

要想小区业务做得比别人好，一定要提前做好各项准备，前期准备工作做得越细致，后期联系业务就越轻松。为了配合设计师在小区开展工作，公司应该集中所有人力，想尽办法在小区交房以前，签下一个或两个单，价格低一些也没有关系，因为这是样板间工程，有了样板间在小区做业务的说服力就更强了，可以在其他公司还在量房的时候，直接邀请客户去参观样板间的装修风格、工程质量。

设计师在新小区交房期间，装修公司应该派出多名设计师协助，让客户等待量房的时间最短化。同时，设计师应抓住交房期客户量大的机会，争取接触到更多的客户。有时会出现这样一种情况，就是交房期间客户由于忙于验收房屋，可能没有时间来考虑装修的问题，对此设计师就要想尽一切办法，多收集客户信息，因为一旦过了交房期，业主就不会再这么集中来小区了，有的业主领到新房钥匙以后，就不再到新房来，所以，应趁交房期间多记录一些电话号码，之后再慢慢地与客户沟通并保持联系。“客户多时，要想办法将客户储存起来”，等到客户量少时再重新联系客户。很多设计师在交房期以后就反映说小区业主不多，就是因为前期没有进行很好的“客户储存”，客户自然就少。

设计师在公司开工工地的楼上楼下、左邻右舍做小区业务的时候,有时可以利用公司已经开工的工地，发展客户资源。主要方法就是以公司新开工工地为中心，经常性到开工工地的楼上楼下、左邻右舍或附近单元楼栋去寻找客户，一旦发现客户以后，就可以带领他们到施工工地去参观，大部分客户会主动去左邻右舍参观，设计师把握住这个机会，接触客户的概率就比较大，在客户参观完施工工地以后，可以领他们再去看看其他的工地或样板间，并带领客户到公司参观。实践证明，抓左邻右舍是很好的业务渠道，成功率也较高。

有很多设计师不能利用好公司已经开工的工地，不去寻找与工地最近的客户，却舍近求远，在小区交房期间跑几天，然后就到别的小区开发客户，没有对施工工地进行精耕细作，从而浪费了很好的业务资源。

装修尾盘小区是很多谈单设计师忽略的地方，大家常常把时间和精力放到新小区，去面对新小区残酷的竞争，却不知选择竞争很少的尾盘小区，尾盘小区相对于新小区来说，设计师去的次数多，与小区业主、物业人员都相识，特别是遇到此前接受过装修服务的客户，还能请客户帮忙介绍新客户。

有一位设计师，从小区交房开始，就一直待在该小区，基本上新小区一个月以后，设计师的数量就很少了，但他却一直在该小区守候了半年时间，通过深挖客户资源，在该小区他一个人就签了近30单，后来他撤到别的小区以后，由于在该小区做了大量的工作，也积累了很好的人际关系和客户关系，此后还一直有人为他介绍客户，在该小区他一个人总共就做了40多个工程，差不多接近小区客户总量的十分之一。可见跑业务，不能三心二意，只要静下心来，稳稳地建立自己的人际关系，就不愁没有家装客户。

★签单小贴士

如何让客户帮忙介绍新客户?

1. 经常主动联络客户是必不可少的，感情都是日积月累聊出来的，在联系的过程中让老客户感觉到被尊重，同时让客户记住公司，并成为朋友。

2. 赠送生日、节假日礼物，在客户生日的时候送上鲜花和贺卡，给客户在合作之外的关心。赠送礼物的同时巧妙地暗示让客户提供帮助转介新客户，设计师对客户的暗示相信客户也能明白。所以，前期的客户建档一定要详细，分档也非常关键。

3. 邀请已成交客户参加公司各种活动，如公司的感恩年会、客户联谊会、公司组织的旅游等，都不失为非常有效的方式。

4. 定期赠送企业刊物，让客户见证企业的成长，不断增强客户对企业的信赖感，让客户人际圈有业务需求时候，第一个想到的就是自己。

2. 获取客户来源

做业绩的人都知道，开发新客户的成本是维护老客户的5倍。在大客户销售中，与客户实现首次合作后，如何顺利地实现再次销售，实现签单的持续性，是许多装修设计师都关心的问题。商道即人道，在销售中我们设计师不仅要在商言商，还要在商言人，全方位地巩固和加强客户关系，才能坐上签单高手的位置。

谈单设计师可以利用自己的亲朋好友关系，也可以利用老客户资源，通过这些人际关系来获取准家装客户信息。这种找客户方法的优点是推荐的客户价值较高，且签单成功率较高，缺点是朋友推荐的客户资源有限。因此，需要设计师积极建立各种人际关系，扩大影响力。

与老客户保持联系，让他们不断为设计师推荐新客户。作为设计师都知道，凡是由客户推荐过来的新客户，其成功率一般是相当高的，新客户通过自己去观察老客户的装修，经过老客户对设计师的介绍，已经为设计师搭建好了信任的桥梁。所以我们设计师就更应当发展自己的客户关系网，让过去服务的老客户不断为自己介绍新客户。例如，一些过去1～2年服务的客户还在不断为设计师介绍新客户，随着设计师服务的客户越来越多，变成老客户，通过这一关系，每年就可以发展更多的新客户资源。随着自己客户量的增加，老客户推荐新客户的人数就会增长。

所谓客户转介绍，也就是口碑传播。首先是客户对设计师的服务或者产品非常满意，然后他们会向自己的亲戚朋友介绍设计师的产品或者服务。由于是熟人介绍，他们彼此比较信任。这样，设计师的客户群就会变得更大，从而其业绩就会更好，当设计师的业绩积累到一定的高度，想要认识设计师的客户就会更多，打下了良好的口碑基础后，签单量就更多了。客户转介绍是客户开拓的最主要方法，具有耗时少、成功率高、成本低等优点，是设计师最好用的优质客户扩展手段。转介绍是世界上最容易的销售方式，设计师必须让自己的客户变成编外的“设计师”。

设计师在当地小区客户不多的时候，可以到离本市不远的其他城市去寻找客户，并在小区内找到合作伙伴，请他们帮忙发一些宣传资料。同时，进行远程业务开拓的时候，一定要得到公司的配合，当然前提是公司想到外地去拓展业务。

第 4 章

签单技巧大考验

识读难度： ★★☆☆☆

核心概念： 尊重客户、提问、设计风格、绘图软件、手绘表达

本章导读： 同在一家装修公司，公司里有谈单签单大神，也有一事无成的“菜鸟”，有的设计师一个星期每天都有业绩，而有的设计师一个月业绩却是零，“菜鸟”与大神之间到底有什么不同呢？这在本章节中将会做重点介绍。

4.1 尊重客户

过去，设计师只要简单地说一句“谢谢，祝您愉快”就能赢得回头客。多个设计师争夺一个客户的情况时有发生。

作为设计师，难道每天的好业绩只是运气使然吗？其他装修公司所在店面的客流量真的多吗？大的客流量并不是天天都能遇上，也无法带给设计师成交价值几百万的生意机会。大型室内购物中心虽然可以提供巨大的客流量，但它也培育出了零售业中某些最为激烈的竞争，那里不只有一家装修公司、建材店，而是很多家！可想而知竞争有多激烈。

每个月新增客户的数量决定了设计师的业绩，只有源源不断地增加客户，才能保持良好的业绩，而老客户是成交新客户的重要途径，设计师要懂得如何与客户相处。

1. 用心倾听对方说话

与客户交谈时，为了拉近双方的距离，往往会谈论一些私人话题，或者是对方感兴趣的话题，这样可以缓解初次交往时的严肃气氛。在拉家常的过程中，如果涉及设计师不擅长的话题时，同样应该认真地倾听，这是对对方的尊重。相反，如果设计师表现出不耐烦或厌恶的神情，将会直接影响到后期谈单的结果。一般客户与设计师会进行多次的交谈来确定最终方案，谈及私人话题的频率很高，所以设计师要认真地倾听客户的倾诉。

例如，当客户看到窗外大雪纷飞，想到去年游玩滑雪的情景，与设计师谈及滑雪的技术和他对滑雪的心得体会时，就算是设计师对滑雪技巧不太了解，也应该用心去倾听。这样，对方会认为设计师很尊重他。

发自内心地尊重客户，要接纳客户的外表，不管客户长什么样子；接纳客户的个性，不管他的脾气有多么古怪；接纳客户的信仰，不管他的信仰与自己有多么大的区别；接纳客户的穿着打扮，不管他的穿着打扮是哪种风格。

总之，设计师要最大限度地接纳客户，不管客户与设计师本人的认识和理解有多大的差距。换句话说，我们设计师要放下自己的看法、观点、判断和主张，尽最大可能地接纳客户，满足客户的需求，只有这样才能够促进签单。

从心理学的角度分析，每个人心中都有某种强烈渴求被接纳的愿望，客户亦是如此，虽然设计师与客户在年龄、性别、工作、宗教、种族、国籍上存有差异，但在与客户的交谈中仍要适时地表示赞同，因为没有人喜欢在自己发表观点的时候被他人忽视或者否定。即使设计师觉得客户的某些观点、意见是自己不能接受的，也不要在语言上表现出尖酸刻薄。

在商场的专柜里，有一对夫妇正在挑选手表，既想省钱，又想提高自身品位，因而选来选去拿不定主意。终于，他们看中了一款手表，于是便向营业员询问是否可以拿出来试戴，营业员不耐烦地说道:“这块表价格太贵了，你们买不起。”最后，客户转身走进了隔壁表店，出来时手上戴着那家店里的最新款手表，要知道这可比自己店里的手表贵多了，这位营业员当场懊悔不已……由于营业员言语尖酸刻薄，伤害了客户的自尊心，轻易地失去了本来拥有的客户，这样的做法不但会破坏自己的形象，而且影响了表店的声誉。

作为一名签单设计师，情商跟职业技能一样重要，高情商突出了设计师的个人魅力，高技能让设计师获得客户的信任。

2. 表述清晰

每个人说话的方式各有不同，一样的话有人说出来悦耳动听，有人说出来粗俗无比，如果设计师只是一味按照自己的表达方式给对方做介绍，殊不知，这种方式根本不利于对方理解，在装修设计中，敲定了设计方案，但是到了施工时客户要求设计师现场改图的情况不是没有发生过，尤其是在水电施工的过程中，一旦增加或者改变路线，不但增加了工作量，还耽误了原本的装修工期。或许设计师觉得自己说得够清楚直接，但是在没有装修完工之前，仍留有很大的想象空间，出现这样的结果也就不足为怪了。所以，在与客户沟通的时候，一定要顾及对方的感受，选择对方容易接受的方式表达自己的观点，这是对客户最起码的尊重，也是促成交易的根本前提。

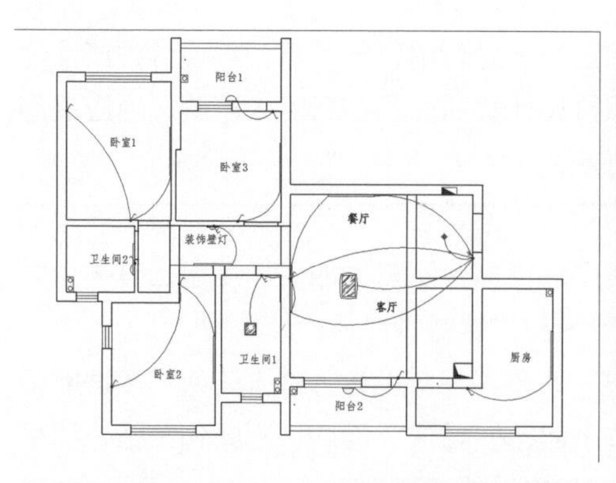

↑看设计图纸时能给人以极大的想象空间，设计师在讲解设计说明时的语言一定要简单直接、清晰明了，防止出现上述问题。

↑水电安装属于隐蔽工程，安装到位后再修改线路，是施工中最忌讳的。

↑人对装修效果的想象会在收房的那一刻告一段落，完工时才知道设计的实现程度。

↑设计师在表述方案或与客户闲聊时，一定要将意思表述清楚明白，要使客户知道图纸与实物是有差距的。

3. 礼多人不怪

这里的“礼”可以是对客户的一种礼貌，也可以是偶尔送给客户的小礼物。尊重开始于礼貌。设计师想表现出对客户的尊重，那么就要先从礼貌开始，用礼貌的方式对待客户。礼貌的作用远比设计师想象的要深远。在签单中，设计师若表现出无礼，其实是在为客户提供一种劣质的服务，会令客户感到自己没有受到尊重。礼貌可以体现在服务的各个方面，它是设计师在签单中对待客户的一种应有的方式，即使客户在交流中有不好的情绪，出于一种职业道德，设计师依然要用礼貌的方式对待客户。

设计师应让客户感受到自己对客户的尊重，感觉到设计师期待与他合作。让客户感受到设计师早已把他摆在了重要的位置上。当客户的内心得到满足时，自然乐于再次与设计师合作。其实每个人都希望自己被他人接受并得到重视，都希望得到尊重和信任，一旦对方的愿望实现了，交流中的一切难题也就迎刃而解了。

正面看人是尊重对方的表现。如果与客户谈话时，低着头说话、眼睛盯着没有人的地方，目光游离或者直愣愣地看着对方等，都是不礼貌的，客户会认为设计师对他不够尊重，没有诚意与他合作，有的客户还会认为设计师是个胆小、懦弱、害羞的人，从而不愿意与这样的人合作。因为，一个不敢正面看人的人，说明他对自己没有自信。

“眼睛是心灵的窗户”“眼神能杀人”。这些都说明一个人的眼神能够表达多方面的意思。在谈单过程中，有些设计师总爱用一双溜溜转的眼睛看客户，这是一切麻烦的源泉。还有一些人与客户闲聊时眼神温柔、笑容可掬，可是一旦涉及实际利益问题时就目光冷峻。这样的人，在与客户谈单中势必会吃亏，要知道我们的客户可都是十分老练，想要躲过他们的眼神搜索是不可能的。

设计师要注重眼神礼仪，无论在什么情况下，都应该尽量用温柔、友善的眼神去看人，养成一种习惯，这对设计师的签单很有裨益。性格随和的人,其眼神往往温柔热情；冷若冰霜的人，眼神也给人一种冷酷无情的感觉。有些人虽然心地十分善良，可是看上去却冷若冰霜，办起事来一本正经。这种人属于理智型，他们的理智胜过感情，做事一板一眼，缺乏表情变化。这种人有时很容易被人误解，在谈单签单中，与客户达成合作的难度更大。

4. 随时记录

“好记性不如烂笔头”，设计师要做好记录工作，这也是对客户的一种尊重。在拜访客户时，随手记下时间、地点和客户姓名、职务；记下客户需求；下次拜访的时间；也包括自己的工作总结和体会。

对设计师来说，随时记录是一个好的工作习惯。设计师工作繁忙，每天要接待许多客户，随时随地记录能有效地提高工作效率。还有一个好处就是当设计师一边做笔记一边听客户说话时，除了能鼓励客户更多地说出他的需求外，客户心中的被尊重感也油然而生，设计师接下来的谈单会更顺利。

↑记忆在时间长后总会变得模糊，记录能够有效地帮助设计师记忆，避免其在客户面前出错。

↑在与客户谈方案时，偶尔的记录能让客户感到你对他的要求很在意。

对于客户的各种询问都要礼貌耐心地回答，愉快地应对，尽量避免用反问语气。拿出设计方案与客户研讨时，要表现出稳重，注意不要将客户桌上的东西碰倒，尤其是茶杯之类，这样会引起客户的不适感。

遇到适当的机会或场合，必须做好应有的礼节。例如，客户的公司开业了，或举行庆祝酒会，邀请设计师参加，首先必须准时出席，同时要考虑是否送贺礼，如花篮、贺卡之类。这一方面表示了对客户的尊重，另一方面也有机会认识更多潜在的客户。

每逢过年、过节，应给客户寄送贺卡。圣诞节、新年时也应如此，“礼多人不怪”，如果有小巧的礼品，最好能亲自送上，顺便与客户见面，保持长期联络。

4.2 适当地提问

在与客户沟通中，适当地进行提问，是发现客户需要的重要手段。想要做一个适合客户的设计，就应该了解客户的真实需要，设计师必须运用各种技巧和方法，以获得更多的客户信息，只有这样，才能真正了解客户在想些什么。

设计师应尽量向客户询问更多的信息，引起对方的思考。设计师对客户了解得越多，就越能够帮助客户选择设计适合的装修风格和色彩搭配，从而成功地与客户签约；同时也就更加能够推荐配件或附加商品，增加销售额，成为公司的销售冠军。

设计师在提问的过程中要能够不断地引发客户思考，将客户带入自己预想的谈话流程中，这样设计师就能够掌握整场谈单的主导地位。

另外，弄清楚为什么客户想购买不是设计师提问的唯一目的。设计师提问的第一个目的是理解客户的想法、需求和愿望。第二个目的是建立客户对设计师的信任。

适当提问有助于设计师理解客户的想法、需求、愿望，甚至是希望、梦想、渴望。设计师需要练习提好问题和发掘事实的能力。如果客户对一个特殊的事物感到兴奋，设计师需要利用这种情绪，将其转化为销售点，或增加销售额。例如，在提问中得知客户是一位生活中充满小资情调的职业女性，那么在装修设计时，需要按照客户的生活习惯去设计，比如设计具有展示性与实用性的酒柜、可以偶尔休憩的小露台、可以看书的空间等。

↑带有吧台的酒柜，方便客户能够在工作之余放松身心，释放工作压力。

↑可供休憩的露台空间，既方便客户轻松地办公，也可以招待亲朋好友。

↑视野开阔的阳光房，既可以三两好友小聚，又可以在此放松心情。

↑书房是家庭的组成部分，书房需要有良好的采光条件。

1. 为什么要提问

爱因斯坦曾说过："提一个问题往往比解决一个问题更重要"，而在一场谈话中，提问能将整场的氛围推到最高点。设计师可以提前在纸上列出客户的需要、要求和期望，从尽可能多的信息中获得信任。

设计师需要培养适当的技巧，而提问的前提是设计师与客户之间已经存在一定的信任，提问才能更好地展开。在探询的过程中，设计师所提问的数量与构建信任之间并没有必然的联系。信任是通过设计师提问时关切的语调和回答客户提问时热情的支持来建立的。假如客户不信任设计师，那么设计师再尝试向其提问就会很困难。相反，如果设计师能够与客户之间发展信任的关系，那么设计师的建议就会得到客户的认可，设计师在推出自己的设计方案时，给客户推荐部分选材时，客户也更容易接纳。

例如，在客户对是选择地中海风格还是简欧风格犹豫不定时，设计师可以问客户：平时的生活习惯、作息时间以及工作性质等，从客户的生活细节来提问，既可以帮助客户选择，又可以更深层次地了解客户，在谈单中也能更加清楚客户在选择上更偏向于哪一种。

↑地中海风格，适合对海洋风情情有独钟的人群。

↑简欧风格，很多中青年选择这种风格。

提问能够拉近客户与设计师之间的距离。设计师也能从中发现客户有哪方面的疑虑，能够更全面地解决客户在谈单中的纠结所在。提问是众多谈单技巧中的最关键的方法，当设计师对客户提问时，客户会认真地思考并给出答案，这时候的客户在一定程度上已经对设计师没有了刚开始的防备。

2. 提问终结技巧

不管是与客户初次见面，还是与客户正在谈单中，提问是促进双方签单的重要枢纽。提问是引导客户告诉设计师签单动机的重要话术。例如，公司里来了一对夫妇，其中妻子更加喜欢观看厨房样板间的每个细节的设计，而丈夫更加注重客厅的设计。那么设计师在对这一对夫妇提问时，应尽可能地针对夫妻两人的观察来提问。

设计师：先生，您平时下班回家后一般是在书房还是在客厅活动呢？

男客户：一般会在客厅，可以随时帮助妻子。

设计师：女士，您平时一定很喜欢烹饪，喜欢做西餐还是中餐呢？

女客户：一般是做中餐，偶尔会做西餐。

★签单小贴士

门前的装饰品

不少家庭都会在门口摆放一定的装饰。这些装饰大抵都是主人的心头好，他们想与来人分享，所以才特地放到明处。但是，一般情况下没有人会对小小摆设多加留意。没人留意，就没人称赞，主人或许会很失落。所以我们可以特别针对这一点挑起话题。不要一脸平淡，要瞪大眼睛，用些许夸张的语气表示赞叹，然后提问。

4.3 设计师的签单精神

装修设计的工作性质要求设计师要具有吃苦耐劳的精神。设计师每天需要接待不同的客户，当客户确定了装修方案后又要马不停蹄地赶往施工现场，督促施工人员按时按量地完成装修工程，保证在预定的施工期限内交房，让客户可以尽早地入住。

↑装修方案在谈单中需要设计师不断地优化完善，修改方案是一件十分费心费力的事。

↑装修现场施工。

设计师的业绩是靠自己一步步用脚跑出来的，要不断地去拜访客户，协调客户，设计师在谈单中绝不是一帆风顺的，会遇到很多困难，但要有解决的耐心，要有百折不挠的精神。对于设计师来说，谈单的道路充满了艰辛，只有不断地完善自己、提升自己，才能在装修行业拥有一席之地。

↑良好的设计能力是设计师必备的专业技能，能够帮助设计师吸引更多的客户。

↑设计师的设计能力与签单精神同样是设计师必备的技能，会签会画才是王道。

1. 心理素质

设计师具有良好的心理素质，才能够在面对挫折时不抛弃、不放弃。设计师所面对的每一个客户都有不同的背景、不同的性格以及处世方法，当设计师受到打击时要能够保持平常心，从失败中总结教训。要多分析客户，不断调整自己的心态，改进工作方法，使自己能够去面对签单中的一切难题。只有这样，才能够克服困难。同时，也不能因一时的顺利而得意忘形，须知“乐极生悲”，只有这样，才能够胜不骄，败不馁。

2. 交际能力

每一个人都有长处，不一定要求每一个设计师都八面玲珑、能说会道，但基本的社交礼仪是一定要懂的，培养自己的交际能力，尽可能地多交朋友，这样就多了机会，俗话说：“多一个朋友多一条路。”朋友多了路才好走，设计师的业绩很大的一部分都是靠亲朋好友介绍而来。在社交活动中应对领导、同事、合作者表示适当的关心和尊重。注意交往的技巧、方法，并努力使自己留给对方良好的印象。

3. 表现热情

“热情”通常被称为销售的法宝。热情是具有感染力的一种情感，能够带动周围的人去关注某些事情，当设计师很热情地去和客户交流时，客户也会“投之以李，报之以桃”。例如，设计师在某小区正好碰到前几天的客户，很热情地与他打招呼，客户感觉受到了尊重。这里所说的热情不只是对客户的热情，还有来自工作的热情。

4. 知识面

设计师要对各种书籍、时事、流行元素有所涉猎，无论是天文地理、文学艺术，还是新闻、体育等，只要有空闲就应该多学习，养成不断学习的习惯。

5. 谈判力

其实设计师无时不在谈判，谈判的过程就是一个说服客户下单的过程，也是寻找双方最佳利益结合点的过程。在谈判之前，设计师要搞清楚客户的实际情况，所谓知己知彼，对对方了解得越多，对设计师越有利，掌握主动的机会就越多。

谈判力的表现不在于设计师能够滔滔不绝地说话，而是能够抓住要点。首先满足客户的需求，再满足自己的需求；在双方都有异议时，就看设计师平时掌握了客户多少信息，掌握的信息越多，就越可能更好地运用主动权。谈判的目的是达到双赢，达到互惠互利。

设计师要养成勤于思考、勤于总结的习惯。设计师每天需要面对不同的客户，因此就要用不同的方式去谈判，去和客户达成最满意的交易，这才是设计师谈判的目的。在谈单中，设计师的谈判能力与设计能力一样重要，两者缺一不可。

6. 责任感

责任心是一种非常重要的个人品质，是做一个优秀设计师所必备的。一个人的责任心如何，决定着他在工作中的态度，决定着其工作的好坏和成败。如果一个人没有责任心，即使他有再大的能耐，也不一定能做出好的成绩来。有了责任心，才会认真地思考，勤奋地工作，细致踏实，实事求是；才会按时、按质、按量完成任务，圆满解决问题；才能主动处理好分内与分外的相关工作，从事业出发，以工作为重。

设计师的言行举止都代表着自己所在的公司形象，如果设计师没有责任感，不但会影响自己的个人形象，也会影响公司的形象。责任心是设计师在装修行业立足的根本，没有责任心的设计师，最终会被客户所放弃。一个有责任心的设计师，会处理好自己与客户、客户与公司、个人与公司之间的利益冲突，让客户能够放心地将装修工作交给设计师本人。

4.4 了解时下装修趋势

作为一名优秀的签单设计师，了解时下流行的装修方式及装修风格，这对装修来说是有好处的，但家居装修设计的流行风格趋势只是一个概念，并没有一个实际的标准，所以设计师在设计的过程中，可以借鉴时下流行趋势中自己比较理想的元素，为客户打造更理想的居室设计方案。

1. 多元风格

时下的流向在于古典与现代相结合，不少家居设计融合了古典与现代的气息，古典家居样式的现代演绎已经是现在装修设计的亮点，能满足人们追求现代时尚的要求，同时也能满足对古典韵味的要求。

新中式风格采用精致的装饰、绚丽多样的材质，在功能上更加人性化。在色彩设计上也突破了中式古典的格调，加上了现代的感觉，色彩的多样化、年轻化更受大众欢迎。在装饰设计上，古典的刺绣、雕花等与现代科技相结合，赋予了室内空间更多的文化底蕴和现代情感。随着近几年中国风向大众走来，装修设计中的古典元素也被更多地呈现在大众视野中。

2. 绿色环保设计

现代装饰材料和施工工艺都在不断更新，大多数更新方式都是以成品或半成品材料替代以往需要长时间现场制作的装修构造，这些新材料在工厂预制生产，并将多种材料融合为一体。

绿色环保装修是指从装饰设计到家具使用都能贯彻环保健康的理念，时刻注意装修污染和环保行为，将家居健康生活全部贯彻到装修内容中去。在装修时尽可能不使用有毒害的建筑装饰材料，如含高挥发性的有机物、含高甲醛等过敏性化学物质、含高放射性的石材等。可以放心使用经国家环保认证的装修材料和产品，必要时可以请权威机构进行鉴定。室内装修设计中，自然的外观和材料更能给人环保、接近大自然的感觉，也是生活在城市中的人们所向往的。如今，环保和可持续发展是装修设计的先决条件，奢华的设计已不再是人们所追求的。原木设计是近几年较多年轻家庭选择的设计元素，简洁的线条加上木材原有的质感，视觉上更加的夺目。

3.“彩色”与“中性色”

“多彩色”与“中性色”的运用升级。绚丽色彩运用可以让人心情愉悦，满足人们对于颜色的喜爱，同时也能凸显出个性化，给室内装修装饰更大的发挥空间。

↑当人们用眼睛观察自身所处的环境时，色彩首先闯入人们的视线，产生各种各样的视觉效果，带给人不同的视觉体会，直接影响着人的美感认知、情绪波动乃至生活状态、工作效率。多种色彩运用能够使整个居家环境生动、富有朝气。

中性色是现今设计的一个主流方向，很多装修风格、家具都呈现中性色，不同深度、色度的中性色可以灵活运用，让人在这样的空间放松、享受高档舒适和清静。在室内设计装修中，设计师几乎很少使用高纯度的颜色（如红色），而是较多地使用纯度、色相、明度不同的复色去呈现空间的效果。最常见的方法就是特意将空间背景色设定成中性色。中性色又称基本色，包含无彩色（黑白）和一些色相模糊不鲜艳的色彩（低纯度色彩）。黑、白、灰在其他色彩的对比下，也能产生“冷”或“暖”的某种色彩倾向。由于中性色无明显性别，是都能接受的色彩，所以在室内软装中有着广泛的装修应用。

↑中性色自身含蓄的特点能够表现出安静优雅的空间气质，并且可用于调和色彩，突出其他颜色的特征。

在装修设计中，可利用其作为背景色出现，使空间色彩显得平衡而又不紊乱。如果室内空间大量地使用中性色彩，那么仅需要在装饰物上（布艺或者台灯装饰品）出现一些色彩明度高的物品（类似橘红色、黄色等），因为中性色的另一个特点就是非常能烘托空间的装饰色达成气氛，在这里一点纯度较高的颜色就能给整个空间带来时尚的感觉。

4. 组合设计

组合设计是现代家具设计的新潮流，不同柜体组合可以很容易地改变现有的生活空间格局。同时，家居功能空间划分合理是现代装修的基本要求。为了获得合理的起居空间，通常需要对原有建筑形态进行一些改造。环保意识的加强、室内空间的减小、不一般的方式感觉、更大收纳空间的需求使得组合化家具成为一种需求。

组合化家具设计让人们在有限的空间内利用组合式设计，充分利用隐蔽的空间、巧妙地使用细小角落、改变建筑本身的空间布局结构，将小家庭的收纳空间做到极致，真正的从客户的角度出发设计。现代装修中轻便、灵活的设计，以及更多的收纳更能满足人们生活的需求。

↑合理利用楼梯下部的低矮空间，将柜体组合成一个整体，可以随时挪动，使得收纳的空间更大。

↑带收纳功能的楼梯，能够满足家庭的收纳需要。

5. 传统工艺与现代设计

如今越来越多的传统工艺作品受到人们的关注和喜爱，设计师通过现代的设计理念，将传统工艺与现代风格进行混搭，展现出独特的装饰效果。不仅在装修设计，更多的空间室内设计都可以运用这种手法，给人以不一样的空间感受。同时，可以通过定制家具，将传统工艺设计中的精髓部分保留，加入现代的时尚元素，利用两者巧妙的结合设计出有韵味的独特时尚空间。

↑传统的藤制家具，经过设计师的悉心设计，既保留了传统工艺的技艺优点，又很好地融入现代的家居生活中。

↑传统工艺与现代风格融为一体，展现出简约、大气的时尚美感。

6. 以人为本

装修是为人服务的，不是为装修而装修。在装修上要引导消费者以人为本，要根据业主的家庭需要而考虑，尽量选择适合业主的设计，不能为了注重形式而背弃了生活本质。

7. 雅致主义

雅致主义是带有极强文化品位的装饰风格，它打破了现代主义的造型形式和装饰手法。在家庭装修设计中，舒适度与文化感越来越成为人们看重的要素。

↑雅致主义注重线型的搭配和颜色的协调，反对简单化，讲求模式化。

↑在造型设计的构图理论中吸取其他艺术或自然科学概念。传统的构件通过重新组合出现在新的情境之中，追求品位与和谐的色彩搭配。

典雅主义源于材质和装饰的细节。那些经过涂饰和抛光的木材、有着富丽温馨的色彩和华美的织物，以及精致黑色的点缀和光洁的硬木地板或抛光砖的结合，能够让整个生活的氛围充满温馨、惬意感。它兼具古典造型与现代线条、人体工程学与装饰艺术的家居风格，充分突出自然质朴的特性。

↑简化的线条、粗犷的体积、自然的材质，却没有伪简约的呆板和单调。

↑没有古典风格中的烦琐和严肃，而是让人感觉庄重和恬静，并得到精神上的放松。

8. 仿生设计

家居设计演绎仿生的概念，例如按照人体曲线和弧度来制造座椅，仿树叶造型的躺椅和沙发等。家具外形自然也走向圆弧、轻盈，甚至带点趣味成分。这样的设计可以给人舒适感，同时营造了和谐的空间。

↑仿生设计在家具的外形上常以曲线或者充满童趣的形象表现出来，给人以很强的舒适感。

↑模仿天鹅造型的卧室灯，由曲线演变而来，精巧别致。

4.5 熟悉装修制图软件

熟悉制图软件是设计师专业技能之一，“会看会画会签”才是一位优秀的设计师，对于设计师来说，这三者缺一不可。设计师要懂得基本的看图与制图，才能在与客户谈单中游刃有余。

1. 施工图软件

AutoCAD是一款辅助绘图软件，可绘制二维图形、三维图形、标注尺寸、渲染及打印输出等，被广泛地应用于测绘、土木、建筑、机械、电子等多个领域，是目前常用的制图软件。

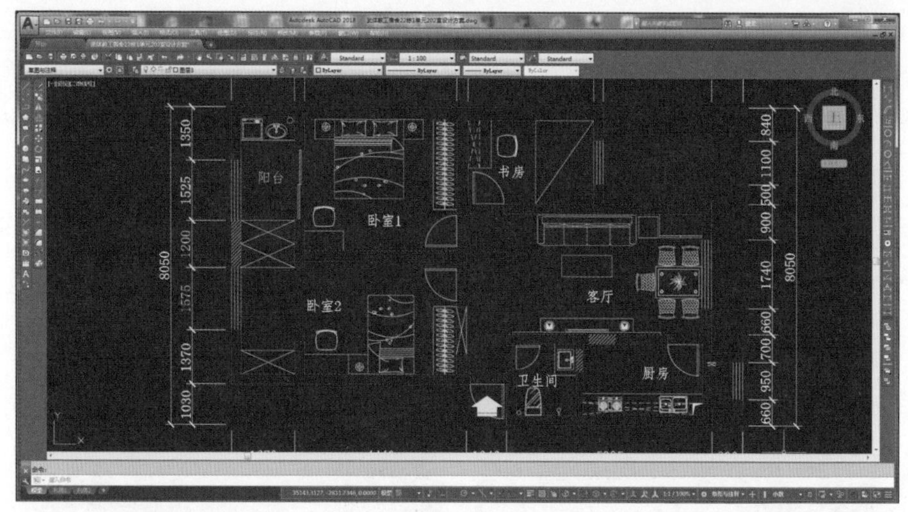

↑ AutoCAD 具有良好的用户界面，通过交互菜单或命令行方式便可以进行各种操作。在不断实践的过程中更好地掌握它的各种应用和技巧，从而不断提高工作效率。

2. 效果图软件

3ds max的制作流程十分简洁高效，只要操作思路清晰，上手是非常容易的，被广泛应用于广告、影视、工业设计、建筑设计、多媒体制作、游戏、辅助教学以及工程可视化等领域。3ds max可以很快地制作出我们想要的3D模型场景。广泛地应用于室内设计效果图制作，如家具模型的制作、客厅模型的制作、餐厅模型的制作、卧室模型的制作、室内设计效果图模型等。

↑ 3ds max 操作相对复杂，但是效果图输出的质量特别好，适合更专业的效果图设计师使用。

3ds max制作的效果图与其他同类型的软件相比，场景更加逼真，视觉效果更好，但是从工作效率来说，圆方、酷家乐、草图大师等软件的制作效果图的时间更短，效果也不错，操作简单、上手速度快。

↑酷家乐效果图软件操作相对简单，效果图输出的质量一般，但是速度快，学习上手容易，适合正在谈单中的设计师使用，能快速输出各个空间的效果图，甚至 360° 全景环绕效果图，给人身临其境的感受。

装修设计效果图是设计师与装修客户之间的一座桥梁，是设计师用来表达设计方案的手段之一。效果图能够更为直观和准确地表现室内空间环境，为装修客户提供一个具体的环境形象，业主没有设计师的专业经验和从业经验，很难从平面图纸上看出装修后的效果，而装修效果图能够让业主提前感受到装修后整个家居空间的大体模样，从服务性角度来看，为业主提供效果图是一种增值服务，能看出设计师对这个单子很在意，对客户的尊重，同时也是公司实力的展现。而一些有想法、有实力的公司甚至会主动提出为客户提供效果图。

↑在装修设计的接单过程中，装修设计效果图往往是启动装修客户签单的按钮，能够拉近与客户之间的距离。随着三维技术软件的成熟应用，装修设计效果图基本可以与装修实景图媲美。效果图的质量更加完美，不少装修公司会把其方案设计效果图放在公司供客户浏览，还有以相册的方式装订成册，供客户参考。

三维模型还有一个特点就是客户可以随意地转换角度，看到任何想要看到的地方，加上最新的科技技术，戴上VR眼镜后，仿佛身临其境，让客户感受到这就是自己房屋装修完成后的模样，如此一来，客户感受十分满意后，签单就不是问题了。

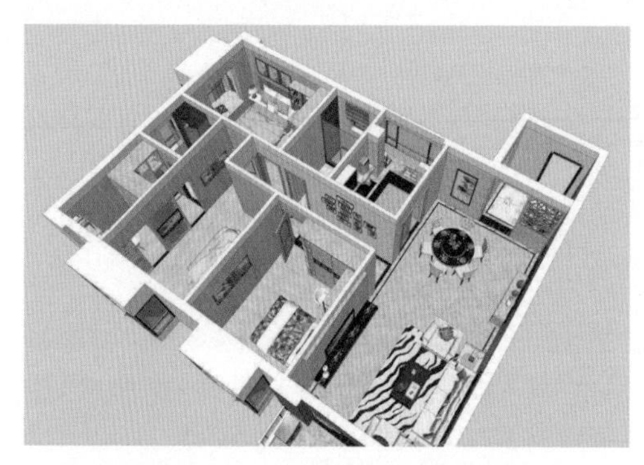

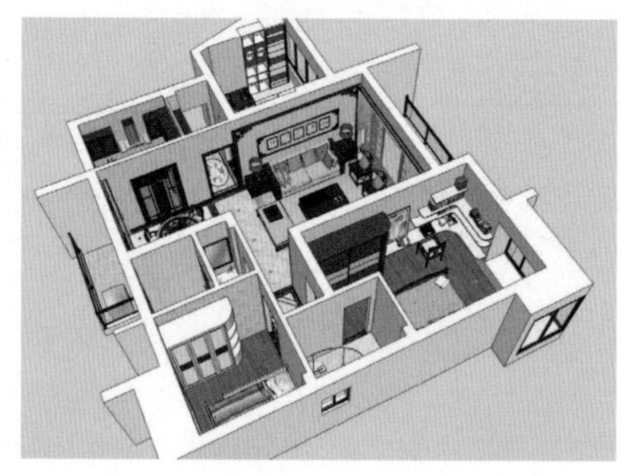

↑三维模型可以从不同的角度渲染效果图，一个房间可以从多个角度来观察，一般装修公司每个房间会选择最好角度出一张效果图。

4.6 手绘表达方案的能力

设计图纸是设计师对于某个装修设计的一切构想、创意的具体表现，也是业主、设计师、施工者三者之间沟通的有效工具。

1. 画草图

徒手画草图是设计师信手拈来的表达设计方案的方法，具有快速方便、简单易懂的特点，在客户对设计产生疑虑时，设计师可以将设计更加的细节化，通过快速手绘的方式让客户在短时间内明白设计的要点，这种方法适合与客户面对面谈方案时使用。

绘制草图是不用绘图仪器的，而是在现场按目测比例徒手画出图样的绘图方法，这种图样称为草图或徒手画。草图是主要用于现场测绘、设计方案讨论或技术交流时使用的图纸，设计师必须具备徒手绘图的能力。

去客户家测量时，签单员需要根据目测比例快速地勾勒出房型，与客户交谈时能够将每个空间的大致使用功能分析出来，对于客户在语言上不能理解的地方，设计师要能够快速地在图纸上反映出来，并且能在客户提到需求时，将客户的要求画出来，更好地理解客户的要求。设计师能够准确把握客户的想法，客户更愿意将方案交给设计师来完成。

设计师要在短时间内画出很多创意，同时要让客户能够理解设计师的想法。而良好的草图绘画技术就是关键，手稿就是设计师的设计灵魂。

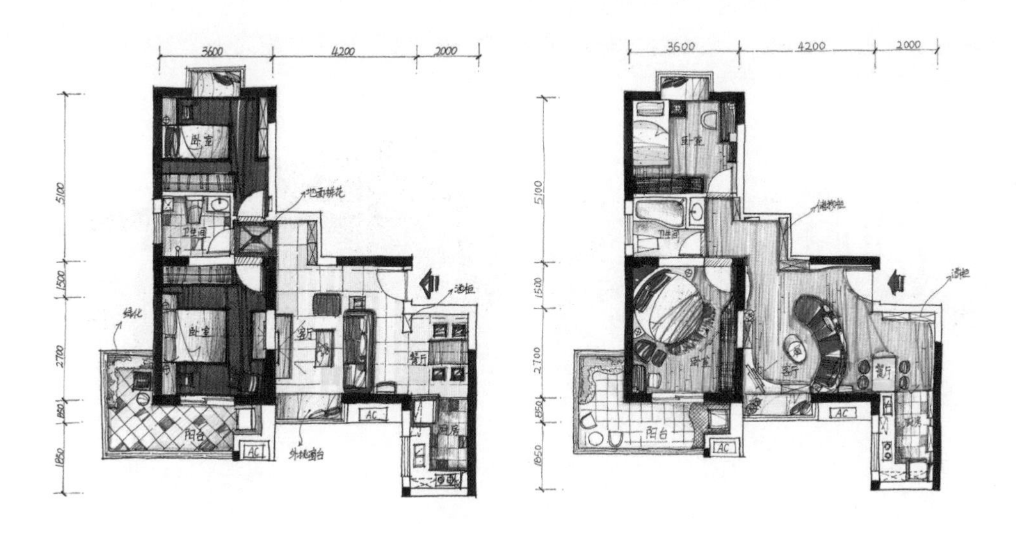

↑对同一套户型设计多种变化方案，能大幅度提升签单概率，这是考验设计师水平能力的重要方面，当客户看到有多种方案可选时，会增加对设计师的信任感。

2. 手绘透视图

“透视”是一种绘画活动中的观察方法和研究视觉画面空间的专业术语，通过这种方法可以归纳出视觉空间的变化规律。用笔准确地将三维空间的景物描绘到二维空间的平面上，这个过程就是透视过程。用这种方法可以在平面上得到相对稳定的立体特征的画面空间。要想画出三维物体的草图，基础的透视知识是必需的。

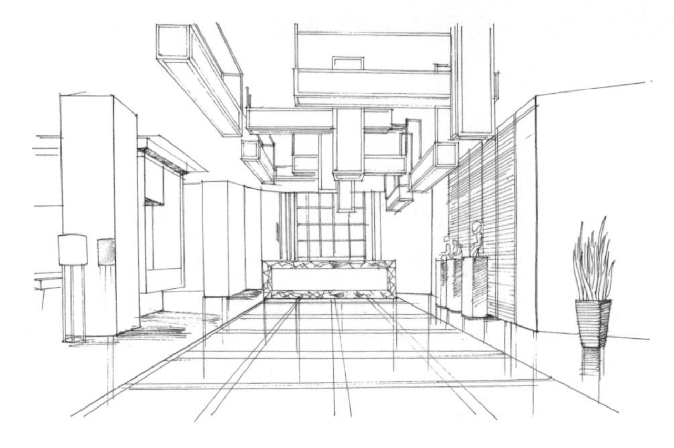

← 一点透视图又称为“平行透视”，它是一种最基本的透视图做法，当室内空间中的一个主要立面平行于画面，而其他面垂直于画面，并只有一个消失点的透视就是平行透视。相对于两点透视而言，一点透视绘制简单，适用于当着客户的面快速绘制的情况。

手绘效果图是从事各种设计专业，比如建筑设计、园林设计、室内设计、景观设计、服装设计、工业设计等专业学习的一门重要的专业必修课程。前期必须先学会素描、色彩、钢笔画、透视这些基础课程，后期绘图时才不会吃力。

↑两点透视手绘效果图时间较长，一般会达到 2 小时以上，对于定稿的设计方案，设计师可以有选择地绘制 2 ~ 3 张。

手绘效果图顾名思义是通过设计师的长期锻炼出来的功底，通过画笔来表现出的一个装修效果，手绘效果图需要比较扎实的绘画功底，才能够让自己的设计意图表现得栩栩如生。在手绘效果图时，除了表现造型、色彩和质感，还应体现设计思路、构图布局。通常，很多设计师重电脑效果图表现而轻手绘效果表现，但往往在现实的谈单技巧中，手绘效果图表现的作用远远大于电脑效果图，这也是设计师能力的体现。

第 5 章

如何处理客户的异议

识读难度： ★★★★☆

核心概念： 业绩、朋友关系、客户感受、打折

本章导读： 在谈单签单的过程中，客户在材料选择、家居风格、色彩搭配、装修价格等方面存有许多的疑虑，客户的疑虑越多，签单的过程越是曲折，对于一名谈单签单高手来说，如何处理好客户在签单过程中的疑虑是首要问题，巧妙地解决了客户的疑虑，客户才能心甘情愿地签合同。

5.1 业绩才是终极目标

签单业绩不仅对设计师来说很重要，对整个公司来说也至关重要，它支撑着整个公司的正常运作。没有签单业绩就没有效益，没有效益企业就无法生存。作为大型装修企业来说，业绩的重要性不言而喻，不管是生存问题还是发展问题，都需要业绩来支撑。

很多设计师会觉得在签单中方案被客户拒绝是理所当然，换句话说，一些设计师觉得在装修行业被拒绝是一种常态。但是在装修行业中，一旦被客户拒绝就意味着谈单失败，这个客户有可能成为设计师对手的客户。

在与客户的交流中，相当一部分客户会以“我很忙”“我没钱”“打个折嘛”“我有熟人”“我考虑一下”等托词，这点让很多设计师觉得棘手，无力处理。不管我们多么招人喜欢，多么青春洋溢有干劲，如果我们无法应对客户的抵抗,那么谈单仍是失败的；而反过来说，哪怕我们在与客户的谈话中磕磕绊绊，但是只要化解了客户的抵抗，就一定能拿下合同。那么，具体应该怎么做呢?

首先，客户之所以会抵抗，就是因为设计师给了客户抵抗的空隙和机会。或许是在给客户看方案时，也或许是在客户提出问题时设计师没有给予回答，这些都可能给了客户对我们不满意的空间。试想一下，如果两个不熟悉的人坐在一起聊天，双方都不主动挑起话题，怎么会不尴尬呢? 所以，作为一名优秀的谈单业务员，我们要保证在自己的话告一段落时绝不留空隙，这样可以使客户抵抗的概率大减。

只做到上述还不够，因为很可能我们刚见到客户客户就开始抵抗了。为什么有的人不由分说，还没听人讲话就想拒绝呢? 这是因为客户十有八九想尽快把设计师赶走，而由这种心理所引发出的抵抗，就像前文讲过的，客户有过不好的“被销售”经历，或者客户曾经买到过不合适的推销装修设计，导致了客户一见到设计师，从心里就开始了拒绝，毕竟现在各行各业的设计师众多。

1. 我很忙

“我很忙”如今已经成为许多人的口头禅，也是拒绝别人的利器，或许客户并没有设计师想象的那么忙，只是为了不被打扰而已。

客户:“我现在没空。”

设计师："那我尽量不耽误您工夫，请您给我5分钟。是这样……"

如果客户逐渐被设计师带入了话题，可以将公司的宣传册及样本给客户浏览，毕竟"耳听为虚，眼见为实"，先看看装修后的效果图也是可以的。

一般来说，客户的"我很忙"都是拒绝的托词，所以我们可以直接过滤掉这句话，而要直接说明自己的目的。这一点可以通用于上门销售和企业销售。要直接、简明、扼要地阐述自己的目的，如"那我尽量不耽误您工夫，您且听一下，首先呢……"因为客户说要出门是托词，所以最后都会老老实实听下去，不会继续做出抵抗。但如果对方确实很忙的话，就不要多说"那我下次再来"之类的废话，留下好印象离开才是上策。可以在几天之后再次登门拜访。因为前一次未被纠缠，客户就会放松心态。

2. 客户要求打折

客户："这个价格能不能再便宜点儿啊？"

设计师："先生，一分价钱一分货，这可不是那些便宜货能比的！我跟您讲，它绝对是物有所值，就好比说它的收纳功能吧……"然后谈论其他的话题。

↑一份好的设计在此时有极大的用处，能将客户的吸引力瞬间转移。

↑如果设计方案毫无话题可言，那么谈单设计师也无从说起，交流的空间就更少。

按照一般人的心理，如果话题被带到别处了，就很难再转移回来。更别说像"便宜点儿吧"，一般人能鼓起勇气说一次就不错了。说到底，客户要求打折就是因为很多人乱留打折扣的空间才导致这样的局面，要知道许多的大品牌都是长年不打折的。设计师好不容易消除了对方抵抗，却傻等着对方先做出反应。于是，客户会重复一句"反正这太贵了，××家更便宜"之类，结果又被客户绕了回来。所以我们在与客户交流时不能留任何空隙，要直接推到下一话题。

★签单小贴士

客户更青睐低价

客户购买装修设计时普遍存在的心理是倾向低价。无论是打折促销，还是甩卖，必定能招揽一定数量的客户，客户会因为花很少的价钱购买到同样的装修设计而感到愉快。这就给我们的设计师提供了许多促成交易的良机，我们要懂得客户青睐低价的心理，用优惠的价格来吸引客户，从而达到销售目的。

3. 我有熟人

装修行业的参与人员众多，设计师、谈单员、装修师傅等其他的工作人员，每个家庭有认识的装修熟人也不足为怪，毕竟装修行业涉及的范围广、人员众多，但是并不是所有的装修人员都完全懂得“装修与设计”，大多数人只是对其中的某一个工种比较熟悉，而且相对于熟人做生意，很多人表示还是不愿意去找熟人，一是抹不开面子，收费标准无法做到双方满意，二是“金钱易还，人情难还”，在装修交流中难免会有所争论，影响双方感情。

客户：“我在××公司有熟人，同样的优惠待遇我可以找客户公司的。”

设计师：“啊，原来如此，您的人脉真广。先不说客户公司，但我还是很希望与您合作，今天能与您相见也是一种缘分，如果您只是要增加优惠待遇的话，我们是不会多收贵公司费用的，我们公司在本市也是数一数二的大公司，价格绝对是童叟无欺，还请您放宽心。”

客户说有熟人可以算是比较俗套的托词了。很少有人真的想从所谓的熟人那里做装修。想要折扣说不出口，钱给少了熟人不开心，万一没有拿到折扣，还不如其他装修公司的优惠多。如果我们见招拆招做得好，就会发现很多时候其实客户自己都记不住自己找了什么借口。

4. 我考虑考虑

客户：“抱歉，我现在还是拿不下主意，我考虑考虑吧。”

设计师：“非常感谢您，太太！我也明白，这确实不是小事，您可以仔细考虑。不过我还是想请问一下，假如现在让太太您来选的话，您觉得哪一种会更加合适一些呢？

客户：“您要这么说，当然还是第二种好一些。”

设计师：“您看您也是这么想的，肯定是有它更方便嘛。那么太太，同样是要买的话，您是觉得更早享受好呢，还是晚些享受比较好呢？”

客户：“那当然是早些好……”

设计师：“太太，咱们的判断标准就是这么简单。您可以果断地做决定了，我保证您一定不会失望的！说到这儿了，太太我请问一下，咱家具体是在 × × 区的几号街道几号楼？”（边说边签单子）

在思考“到底要不要买”的时候，客户常会表示需要考虑考虑，怎么也没法痛下决心。这个时候，设计师就要主动为客户把判断标准整理清晰，在客户背后帮忙推一把。是有好还是没有好？是早有好还是晚有好？客户肯定会觉得有而且早有比较好。所以要大力协助客户，让客户能够下定决心。这就是我们设计师真正的使命所在。

5.2 建立朋友关系

设计师每天面对客户，和客户沟通对销售工作有着重大意义。设计师要把客户当成朋友看，客户见到做业务的人的时候不会先想到对方是给他提供服务解决问题来了，想的大部分都是设计师来挣他的钱或是通过他挣钱来了，对设计师应该都有抵触。很难有第一次见到客户就成朋友的，设计师见到客户的时候不必太拘谨，当客户有抵触的时候需要设计师大方地来打破僵局，设计师与客户平等地沟通，既不盲目自大也不妄自菲薄。让客户能感到设计师的真诚，对下面的介绍装修设计和详细了解有很大的帮助。

首先，应把握好介绍装修设计的时间。设计师在与客户沟通过程中，除了介绍装修设计方案，也可在适当的时候找一些客户能够感兴趣的话题聊一聊，这样可以拉近与客户的距离，也可以更加了解客户。

其次，设计师要有敏锐的观察力和快速的反应能力。了解了客户的性格特征，在交流的过程中可以有共同的话题，然后就可以深入话题，工作之余可以约客户周末一起打球，或者一起去书店看书等，这样有过一次活动后感情自然会深很多，也不用再想好多办法去请客户吃饭了，运动完吃个饭已经是非常正常的了，就像跟朋友之间一样。

1. 了解客户

（1）前期客户资料的准备和了解。首先，我们可以通过各种途径了解客户的日常喜好、生活作风、工作作风等，然后针对这些情况做相应的准备。其中，了解客户的性格特征很重要。按照每个客户的不同性格、习惯进行分类，但无论是哪一类，我们都应该想个应对的万全之策。因此需要设计师有敏感的神经，在尊重客户性格的同时，积极寻找其性格的突破口，谈论与客户相关的共同话题。

（2）与客户交朋友需要真诚、自重和尊重对方，适当站在客户的角度去为对方考虑，在自己力所能及的范围之内努力帮助客户达成自己的目标，争取达到双赢。交往过程中，不能因为客户价值不大而懈怠，也不能因为客户价值太大而对自身信心进行质疑，以致使谈判开始便陷入被动和不利局面。

（3）多关注客户平时的生活情况。当今社会社交平台很多，可以在各种社交平台多关注客户的近况，并积极展示自己对客户的关心。如QQ问候、微信问候等，站在一个朋友的角度来关心客户，让客户有装修需要的时候第一个想到的就是设计师，这样设计师签单的机会就会高些。

（4）信守承诺，做一个说到做到的设计师。一方面，不能随意许下承诺，夸夸其谈，另一方面对许下的承诺也必须遵守。只有这样，客户才有理由相信在和设计师合作的过程中不会有虚假，也能放心地将房子交给设计师所在的公司装修。遵守一定的原则，客户才能放心地与设计师合作和交往。

（5）不要忽视让每笔生意来个漂亮的收尾。与客户谈到最后，订单虽已经完成，但是如果忽略了一个好的收尾工作，便等于错失了下一个潜力客户。这时候我们可以考虑给客户适当的优惠，给客户赠送小礼品，或者与客户有更为日常的交往。最后，需要强调的是，和客户交朋友，不能太刻意，也不能太随意。

2. 与客户沟通的方法

和客户沟通的时候要细心、认真，但不能刻意详细地了解其家庭情况、子女情况和身体健康情况等方面的信息。一般的设计师都知道客户生病的时候是个好机会，如果客户生病的时候我们要像朋友一样去看望客户，增进双方感情。

与客户最直接有效的沟通方法是登门拜访，与客户面对面地交谈。一些不是很重要的事情或紧急的事情还可以通过电话、邮件与客户沟通。让客户在第一时间知道最新的装修资讯，即使这种即时讯息客户过段时间也能收到，但是设计师主动传达给客户，会让客户感到很温馨。

其次，可利用公司发表的刊物、公司的发展趋势、市场的最新装修行情、动向等，这些比设计师口头表述更有说服力。毕竟公司规模是支撑设计师进行销售工作的坚强后盾，公司的决策性文件比设计师的口头表述更有说服力。适当地还可以开一些座谈会，以贯彻落实公司的市场思路、装修新政策等。

另外，在与这些客户打交道的时候，一定要让客户感受到尊重。想要让客户尊重设计师的工作，我们也必须尊重他，如果设计师不尊重客户的感受，只关注自己是不是将装修设计内容介绍清楚了，自己的利益有没有顾全到，那么，很快就会失去这个客户。

在与客户谈话过程中，适当地表达出对客户的赞赏之情，更有利于拉近与客户之间的关系，促进与客户之间的友好互动。例如许久不见的客户换发型了，可以适时地赞美其发型与客户的气质很搭。

与客户建立良好的、长期的合作关系。尽量使客户愿意继续和设计师交谈。与客户交谈的主要目的是装修签单，虽然谈话进行得非常顺利愉快，却没有达到最终的目的也是不可取的。很多设计师与客户交谈甚欢，但最终客户却与他人签单。所以，即使注重与客户建立良好的关系，也要明确自己的使命。

3. 整理客户资料的方法

面对众多的装修客户，新客户与老客户需求肯定是不一样的，有些客户考虑的是新房的装修材料、装修风格及搭配等，而有些客户想得更多的是对装修后的保养与维护，更注重生活健康，那么这个时候设计师可以用分级分类的方法来管理客户资料，与客户沟通。

↑有些客户更倾向于对现有家具的再利用，避免浪费，在设计营销中要考虑到家具的清洗消毒与重新搭配问题。

↑对具有收藏价值的家具古董要考虑到保养细节，这些在与客户交谈时可以适当提出，表面上是在谈古董家具，其实是在迎合客户的需求，更好地管理客户。

一类客户在销售额方面占该设计师的一半以上，这样的客户可能只有一家，也可能有几家，占总客户数的20%左右，如果在今后的客源方面设计师得不到客户的支持，设计师的工作将会无法正常开展下去，任务也很难完成。所以作为一名设计师至少要用一半的时间、精力及市场资源放在这些客户身上。即使设计师跟客户没有直接的业务来往，但是他会为设计师推荐优质的新客户，比设计师自己去市场上摸索客户要强得多。

二类客户在销售额中占该设计师30%左右，这样的客户数量占总客户数的60%左右，这类客户也是不可以轻易放弃的。这类客户发展好了很有可能成为设计师一类客户，对这样的客户要多关心、沟通，鼓励帮助客户，才能把自己的业务做大、做好。积累客源是设计师非常重要的事情，所以一定要好好把握身边的资源。

5.3 理解客户的感受

或许设计师也有过非常糟糕的购物或被销售经历，它会储存在设计师的心里。当某时某地某些事情恰巧唤起设计师对糟糕经历的回忆的时候，设计师会在不知道自己在毫不犹豫的情形下做出抗拒的反应。例如，当客户真的需要什么的时候，他往往却找不到设计师；设计师卖给客户不需要的东西，或者卖给客户错误的东西，导致客户心里有了阴影；客户对于将要购买的装修设计还没有足够的了解，设计师过于轻浮或是急于成交；客户需要更多的时间做决定，但设计师一直催促成交；直到最后准备付款时客户觉得设计师的作用是无关紧要的。

如果设计师以做生意的姿态迎接客户，往往会收到条件反射性的、拒绝性的回应，比如“我只是看看”或者类似的话。令人吃惊的是，大多数时候，客户们甚至不知道自己在说什么。这是一种条件性反射，但是客户不知道自己在做这种反应。如果设计师一开口就与销售有关，就好比设计师的头顶上有一个标语：“别相信我，我只是一个设计师。”如果说不与销售有关的开场白会更加有效，那么，许多人经常用到、提到的销售方法就是无效的。

在所有签单技巧中，几乎没有哪一方面能比处理异议的方法更充满挑战性了。这也是大多数设计师遭受失败的领域。而大多数时候人们会出于两个原因而购买：信任和价值。那么由此可知，客户拒绝购买的原因就是缺少信任和价值。

如果客户信任设计师，但设计师却没能建立商品的价值，仅凭信任是无法达成签单的。同样地，如果客户无法信任设计师，想达成交易也很困难。不管哪一种情况，都会遭遇异议；比起客户对设计师缺乏信任的问题，解决客户的价值判断问题要更容易一些。

如果客户不愿购买是因为他认为商品缺少价值，他是在告诉设计师，他的需求或购买欲没有得到满足。他没能被设计师说服或者设计师没能给出充足的理由，让他当即对签单做出正面的决定。如果客户不愿购买是因为他不喜欢设计师，那么设计师很可能没能成功地建立理解和信任，甚至没能消除其抵触心理。例如“我会回来的”“我想随便看看”“您能为我保留这个吗？”“我不能确定，我需要和家里人商量一下”，这类异议被称为托词，当客户会因说出异议的真正原因而感到不舒服或尴尬的时候，常常会使用这类托词。

不论设计师的工作做得是好是坏，许多客户都很难说出自身的真实感受。具有讽刺意义的是，在与客户建立信任的过程中（特别是在探询过程中）设计师做得越好，客户就越是难以说出自身提出异议的真正原因。客户会为说“不”感到内疚，因为设计师已经和客户建立了情感共鸣，而客户也不想让一个新朋友失望。相反，如果设计师建立信任的工作做得不好，其可能会更强烈地感受到客户的异议，而且客户会为了离开商店找出任何借口。

那对说“下次再来”的夫妇后来是不是来过设计师的店？设计师还记得客户吧，或许客户不会再来了。客户喜欢设计师推荐的设计方案，还说客户会“下次再来”的。现在客户带着“随便看看”先生一起回来了。这位先生认为设计师店里有很多装修风格可供他挑选，不过他需要“随便看看”。

有时候，客户对购买商品犹豫不决是一种防御机制，其目的就是推迟做出决定。很多客户确实希望在做出决定之前先随便看看。但是当设计师听到“我想随便看看”的时候，无法知晓客户是真的想这样做，还是已经去过其他商店了。客户可能习惯了借用这句口头禅使自己从店里离开。

另一种情况，客户可能会说“我想随便看看”或“我要仔细考虑一下”之类的话，而真实原因可能是商品的价格太贵了。如果是这种情况，即使花上一整天时间争取客户，但由于找不到真正的问题所在，设计师也无法达成交易。正因为如此，设计师不能只从表面意思来理解客户的语言，而要努力发现其真正的异议所在，这一点对设计师至关重要。

当客户缺少对设计师的信任时，即使设计师能够发现他提出异议的真正原因，想要打消他的购买疑虑也总是更加困难。一个不信任设计师的客户会对设计师千方百计应对其异议的行为感到厌恶。

或许我们都曾跟销售人员说“我们还会回来”，其实并没有回来的打算。我们都曾说过是因为颜色跟家里的装修风格不合适，而实际上是价格太贵了。有些人会尽一切可能确保设计师不失望，比如问设计师“您这儿什么时候关门？”或者“您明天上班吗？”所有的这些方法都是为了让设计师存有希望，尽管客户并没有回来的打算。

客户对签单提出异议的真正原因就是客户觉得：这个设计可能随着科技的进步而过时；或者这种装修设计超越了自己的审美，自己无法欣赏却又不好意思说自己不懂；或者客户觉得设计师的设计不值这个价钱，尽管客户喜欢这个设计，但是不愿意埋单。

客户自己常常不能确定自己想要什么，更无法对设计师说清楚连他自己也不知道的东西。如果客户说这个方案整体做得不够雅精致，突出不了风格，那就做一个更精致的方案给他。满足客户的需要是设计师的工作，即使客户也不确定他到底想要什么样的风格。但是设计师依然要在整个过程中保持高度的热情，还要在客户无法说清自己需要什么时避免表现出沮丧的神情。

不管是客户不想说不愿签单的真正原因，还是他真的不知道要自己想要一份如何精致的方案，我们只有明确真正的原因才能处理其异议。我们必须坚持不懈。但不能急迫地让客户告诉我们，他为什么对签单犹豫不决。直到知道了客户对商品的真正感受，我们才能完成交易。

在处理客户的异议中，设计师要理解客户的感受，但不必认同客户的异议。有些设计师似乎认为，处理客户的异议就是与客户争辩，或者软磨硬泡直到客户屈服为止。尽管如此，很多设计师还是担心自己说话过于急迫，以至于根本不会试着寻找产生异议的真正原因，更别提应对它们了。

成功地处理异议几乎完全取决于设计师与客户合作的能力。这种能力是全面理解客户的感受和设身处地地为客户着想的能力。它还意味着设计师不应该把客户对立起来，创造出一个“我们互相对抗”的局面。恰恰相反，设计师要让自己站在客户的一边，时刻对客户保持关心的状态，一旦客户在谈单的时候出现了异议，马上提出解决异议的方法，或者跟客户达成一致的见解，例如客户觉得沙发的摆放位置换一个方向会更好，但是出于多年的装修知识和风水学知识，设计师现在设计方案的位置无疑是最好。

在处理客户的异议时，不要打断客户说话，因为这样做暗示着他说的话无关紧要，不值得倾听。如果设计师让客户把他关心的问题说完，设计师也许会发现他只是在做出购买决定之前抱怨一下而已。

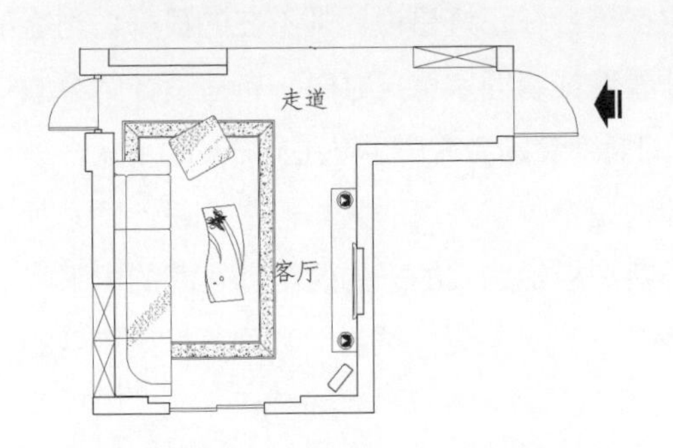

↑沙发的一半视线正对着门厅入口，客人一进门就能看到客厅里在发生什么，这会让人没有安全感。

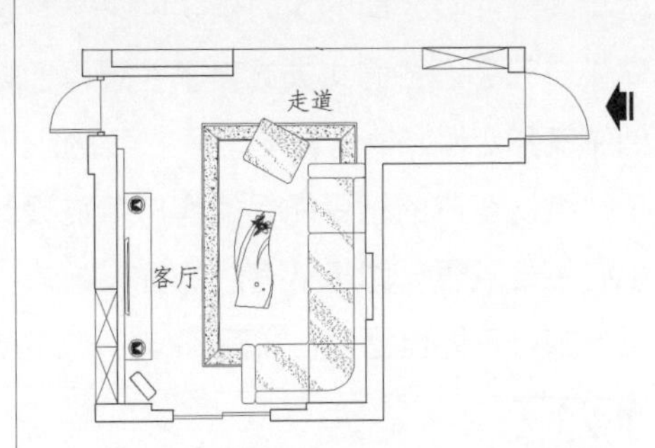

↑客厅沙发背对着门厅，一旦有客人到来，客厅的人可以快速地整理仪容，以迎接客人。而转角对沙发正好可以摆进去，增加座位。

★签单小贴士

不打断他人说话是一种礼貌

每个人都会有情不自禁地想表达自己想法的时候，但如果不去了解别人的感受，不分场合与时机，就去打断别人说话或抢接别人的话头，这样会引起对方的不快，有时甚至会产生误会。轻易打断他人的谈话会让人觉得设计师很没有礼貌，而且，打断他人的谈话会影响别人的思路，或许思维就在那一刻灵光乍现，一个好的构思就被打断了。

如果客户想去别处看看，或是他觉得价格太高，或是他要跟妻子商量一下，设计师是否能理解或者赞同这些做法？客户要是知道设计师为他分忧，肯定会高兴的。通过逐字重复他的异议，在前面加上“我理解……”或“我赞同……”，设计师就让自己站到了客户一边。为了进一步强调设计师的理解，还可以在承认异议之后再加上一个反问。

异议：我下次再来。

承认：我理解您，选择一家有实力的装修公司很重要，不是吗？

异议：我需要。

承认：我赞同您先和您妻子商量一下。毕竟是夫妻长期生活的爱居，您想确保您的妻子也对您的选择感到满意，对吗？

很多设计师一听到客户的异议，就会主动选择放弃努力，随即递上自己的名片，告诉客户自己哪天不在公司，如果设计师送出名片让这位潜在客户离开的话，他就不太可能再回来了。客户的异议一直都存在，若设计师没有很好地处理的话，就算客户冲着公司的实力确实回来了，也多半会在正好是设计师不在的日子。当客户说自己必须咨询丈夫或妻子、想再四处看看或者回家量尺寸时，有些设计师会感到生气并变得好争论。设计师生气或沮丧的情绪会刺激客户也产生同样的感受。

承认客户的感受能促使客户赞赏设计师是个善解人意的人。但是，设计师必须小心不要越界，即承认客户的异议与认同客户拒绝购买的理由这两者之间的界限。设计师可不能自己说："您说得对，您是该先去别处看看"或者"我同意，这东西的确太贵了"。

客户的异议绝不是"还要仔细考虑"，在重新检查了商品价值后，我们找出了真正困扰客户做决定的问题的答案。即这是个典型的客户反应：出于某种原因，没有如实说出心中真正的问题所在，直到我们把它找出来为止。不过，一旦设计师认定了"价格"是这位客户反对意见的来源，设计师可以通过继续提问来找出原因，然后，设计师就可以给他推荐价格较为优惠的套餐了。

在处理客户异议的过程中，尽量不要提出预约订购和支付方式，因为设计师还不知道这是不是个预算问题。如果客户不喜欢这件商品，那么即使是价格便宜、最后一件库存，或者可以分期付款，都无关紧要。或许他还会去其他公司进行比较。

如果客户一直对设计师展示的商品的某个特点提出异议，这经常是由于探询中沟通不力造成的。例如，客户提出的具体反对意见可能是他不喜欢天花吊顶的形状，或者不喜欢墙面的颜色或墙纸的花纹，又或者衣柜内部结构设计不能满足他的正常需要。如果设计师能从探询中得到准确的信息，就不必浪费精力展示客户不喜欢的设计了。

↑客户不喜欢的吊顶款式，可以根据客户的喜好设计。

↑对于色彩搭配，只要是不突兀的颜色，设计师都能巧妙地融合。

↑依照客户的要求更改柜体结构，该增加衣通或减少抽屉，在没有进入施工制作之前都是可以修改的。

↑效果图的壁纸只是为了搭配风格，直接带客户现场选材就可以解决问题。

只有在揭示客户真正的异议并加以说服后，使得客户对设计方案没有异议了，自然而然地客户就会付款签合同了。

5.4 如何面对客户要求打折

设计师一般不会主动地与客户讨论装修的价格，过早谈价，势必会造成价格战。好的设计师一般至少会在客户三次询价后才谈到价格。那么客户要求打折、给优惠的时候要如何应对呢？这是一个令许多设计师都感到头疼的问题。

1. 为什么要打折

首先，当客户问价格的时候设计师一定要很自信地回答，如果连设计师自己在心里都觉得这个价格太高，那么设计师在向客户推荐的时候肯定底气不足，这样怎么能说服客户呢？设计师要坚信自己所给出的价格是合理的，之所以给出这个价格自有其设计上的优势。任何时候不要低估客户的实力，大多数情况下客户只是习惯性地讨价还价，而并不是他消费不起。但是也有一小部分客户预算有限，如果根据实际情况客户真的接受不了设计师所给的价格，那么设计师可以向客户推荐其他更适合客户的设计。这时候的报价只是一个大概的报价，并不是最终的装修报价，如果处理不好客户的这种“要优惠”心理，这个客户无疑要与设计师擦肩而过了。

其次，挖掘设计方案对客户的价值。不管设计方案的重点是什么，首先得保证它对客户是有价值的，所以设计师在谈单时不要急于给客户报价，报价只是在客户很熟悉设计师的装修设计后，或设计师和客户已经到了谈判的最后阶段，设计师提到了价格才去报价。最重要的一点就是事先要能摸清客户的心理，尤其是对设计师装修设计的心理活动，客户明显地感觉设计师给他提供的装修设计或服务对他是非常有价值的，那么设计师就占据了一个制高点，谈价格的时候就容易很多。如果设计师判断客户对设计师的装修设计态度一般，这时设计师就要找出客户的需要和设计师设计方案的价值连接点，再挖掘新的东西给客户，让他逐渐对设计师的设计方案认可度增加，那么价格制高点就又慢慢回到设计师这里。

最后，与同行企业展开竞争，在价格上要比同行企业低，才能吸引客户，但是又要保证公司利润，真正意义上的打折是不存在的，无非是在提高原价的基础上进行打折，最后又回到原价。虽然客户会比较单价，但是不会逐一对比，调整原价仅仅是对某些具有竞争性的项目，如大衣柜、贴瓷砖等。相反，设计师还可以从没有调整价格的项目上还原甚至提高价格，如水电安装、五金件采购等。面对客户提出的质疑时，可以指出价格较高的项目品质、品牌不同，且都是不好更换和维修的耐用品。

客户的讨价还价基本分为三个阶段，每个阶段讨价还价的目的是完全不一样的，其相应的处理方式也自然不同。

➔ 第一阶段：观察期

观察期是指客户在第一次到专卖店了解装修设计时，这时客户基本都会问："这个多少钱一平方或一米？"当设计师报完价格后，客户通常会说："这么贵呀，××品牌才多少钱，比您这儿的设计便宜多了。"这种情况在装修行业中是较为常见的，相信每个从事装修行业的人都遇到过。

此时客户说价格高主要有以下几种原因。第一，习惯性感觉。中国人购物通常会习惯性说"贵"，可能是有意的，也可能是无意的。第二，意外性感觉。这种原因的客户是没有了解到设计师的装修设计与其他公司相比有什么特殊之处，也就是说没有了解到设计师装修设计与同类装修设计的差异化。其原因是设计师在介绍装修设计时没有突出差异化，没有增加装修设计的价值。第三，对比性感觉。客户在此之前也去看了其他品牌，了解到其他品牌的价格要低，所以当我们的导购报出价格后就在客户的大脑中形成了强烈的对比。

面对客户对价格的疑虑，我们要从企业文化、品牌优势、企业荣誉、装修设计工艺、装修设计技术、原材料等多方面进行详细的阐述与对比，增加自己的价值，让客户真正了解我们的品牌与装修设计。这时的客户是比较理性的，所以设计师也必须理性地帮助客户分析与对比，为后续事项铺路。对于中高端装修品牌来讲，此时设计师一定要把握价格原则，即肯定自己的优势，不随意降价或打折。

➔ 第二阶段：交定金前

在装修行业，客户交定金基本是在二次或第三次来公司门店的时候（第一次就交定金的概率很小），这时就需要给客户做出基本预算。

能够再次来店咨询说明客户对设计师的装修设计已经基本认可了，此时客户最关注的已经不是单价的高与低，而是设计师的整体预算与客户自己的预算相差多少。这时客户讨价还价的原因有以下几种。第一，设计师给出的预算价格高于客户自身的预算，客户希望再给些优惠，以降低价格接近客户自己的预算。第二，试探性讲价，看设计师的报价是不是有水分、有多大水分，尽量压缩水分。第三，认同设计师的装修设计，但还是感觉给出的预算价格偏高，通过讨价还价达到其他品牌的优惠力度，达到心理平衡。

客户交定金前的砍价还只是签单过程之中的砍价，此时不宜做出过大的让步，要给客户一种我们价格坚挺的感觉，因为在最后量完尺定方案时客户基本还要再次砍价，导购员一定要为客户再次砍价时留出一定的空间和余地。当然有些品牌的价格是固定的，不容客户砍价，那么此时设计师就要确定价格无法再降低。当然这个阶段还要进一步深化品牌和装修设计的优势，通过和其他品牌的对比提升客户想要拥有的欲望。

➔ 第三阶段：交全款前

交全款前设计师基本已经量完尺寸，根据客户已经选好材料、设计风格、家具款式等做出了具体的方案设计，此时最重要的就是客户确定方案，当方案没有疑异时就可以要求客户交全款了。

↑客户确定好整个装修的整体风格，设计师根据客房要求进行设计。

↑选择合适的灯具、洁具、家具板材等材料。

↑根据客户家庭人员的需要进行不同空间的布局设计，凸显房间主人的乐趣。

↑不同空间的布局考验设计师的设计能力，也是说服客户交全款的筹码。

已经交了定金也确定了装修方案，表明客户对设计师的装修设计已经十分认可，并对价格也没有过多疑虑了，这时的砍价无非就是寻求最终的心理平衡，多节省费用。而此时设计师对于客户的这种心理又该怎么办呢?

（1）老生常谈。如果前期已经给了客户优惠，就利用前期的优惠继续说事，表明已经尽了最大的努力了，现在确实没有办法再优惠了，要让客户感觉自己有些得寸进尺，并让客户感觉到设计师的无奈。

（2）这里要强调一个字就是“磨”。即心里硬嘴上软，告诉客户已经没有办法再优惠了。面对客户要求“便宜”的诉求，如果语气强硬地告诉客户没有折扣，难免会挫伤客户的自尊心，但是自己又没有办法再给客户优惠了，此时语气温和地表达出自己已尽最大努力就好。

例如："王先生，不是我不想给您再优惠一点，确实我们的价格都是公司统一规定的，今天我少收您一百元，那月底就要从我的工资里扣除了，如果每个客户都这样要求，那我这个月工资岂不是要扣没了（注意用幽默的语气说出来，让客户感受到设计师的真诚）”。

（3）赠送礼品。对于那些实在难缠和占便宜心理过强的客户，为了签单必要时设计师就要拿出一定的诚意，即通过申请送些表面价值高的礼品，或适当减些价，这样既可以迎合部分客户的占便宜心理，又可以满足其面子心理。有时候客户要的只是一种优越感，如果亲戚朋友问我们的客户签单有没有优惠或者有没有赠送礼品，没有的话客户在面子上也过不去。

（4）对比报价。最终确定方案时有些客户会有些特殊的要求，即方案修改较大，和交定金前的预算出入也比较大，此时的价格高于客户的心理承受能力，即最初的价格心理，这些客户会要求设计师便宜一些。此时最好通过前后方案对比或调整方案说服客户，如果客户不同意修改方案，又一定要给予优惠可以再利用“赠送礼品”的方案。

全款前的讨价还价是令设计师最头疼的，这时候设计师心里出现恐慌就会不知所措，大部分设计师是说服经理给优惠，这时便是真的站在客户的角度了。假设设计师的经理批准了部分折扣，注意要让客户知道设计师并不是经常这么做，而且要让客户知道这个折扣是如此的来之不易，设计师本人这么做完全是因为他知道客户是非常想要与本公司签单，而且设计师也希望客户能得到折扣。此外，要严守有关打折的信息，把它们当作宝贝一样“锁在保险箱里”，否则其他的客户也知道能随意打折，不利于整体销售。

2. 客户要求打折如何应对

如今装修行业竞争激烈，以至于很多零售商都不得不求助于多样化的促单技巧来维持销量。同样，不少客户也会为了一件商品的价格和设计师讨价还价。即使上级管理部门批准了客户的打折要求，也不一定能帮助设计师轻松成交。这个时候就要靠设计师的口才与签单经验了。

➔ 第一招：不确定价格

利用第一次预算的不确定性扰乱客户的思维，因为第一次预算基本是还没有量尺之前（正常是交完定金才会去量尺）。例如，可以说：“现在没有量尺，价格还没有确定怎么给您便宜呀，您还是先交定金我们做出最终方案再确定价格吧？”

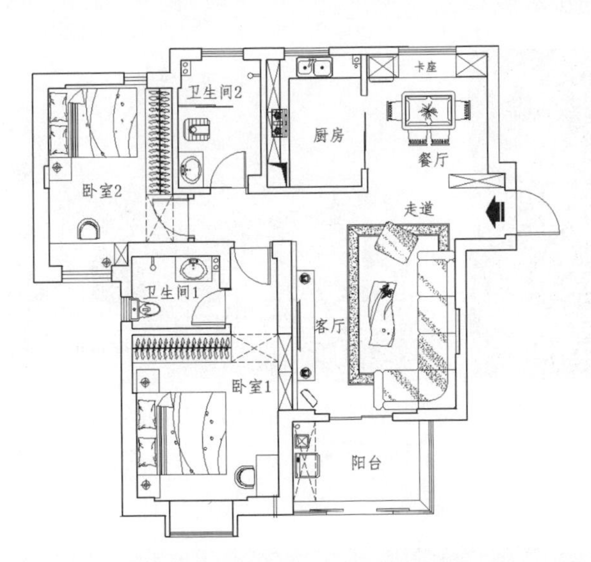

←装修预算并不能作为最终的决算，这只是在对后期装修费用的一个大概的计算结果，如果这时候客户就在要求打折，不妨先跟客户讨论装修方案，将客户的注意力转移到设计方案上，等到客户对设计师的设计感到满意时，就没有借口再要求设计师给予折扣了。讨论装修方案能够将客户注意力转移到设计上，避免客户过多地关心方案的价格，要让客户体会到这个设计方案的价值。

➔ 第二招：板上钉钉

如果客户有一定的购买能力，且对设计师的装修设计也非常喜欢，这时候设计师就可以确定价格不放松，心里要有一定的承受能力但嘴上要稍软，即不能太直接地拒绝客户砍价的要求，要给足客户面子表示公司就是这样规定的，且要打消客户打折的要求，表示自己也无能为力。例如："公司要求设计师最多只能九折签单，如果能便宜我们也肯定会便宜的,没必要冒着丢失客户的风险，但确实是便宜不了，您看（拿出签单记录给客户看）我们签约了这么多客户都是这个价格。"

客户要求打折的行为在装修行业再正常不过，但是折扣是有底线的，当客户一味地要求打折时，设计师要拿出应有的态度，要利用身边一切的有效资源来说服客户。

➔ 第三招：对比报价

与客户谈价格之前，一定要想方设法弄清与客户现在正有合作意向的公司相关装修设计的报价，争取做到知己知彼，这样才能在谈价格时游刃有余，一开始价格可以适当地多报，当然不可漫天要价，一定要结合实际情况及竞争对手的报价，报出合适的、令对方可接受的价格，当然后续就看设计师与客户关于价格的谈判了，只要设计师能谈到与客户双方都能接受的价格就可达成合作意向。

有时候即使报价在客户的心理范围之内，但是客户仍然难以接受，此时就不要在价格上继续纠缠了，而是换另外一种价格相对低的型号或系列再次报个稍低的价格，在客户比较价格的同时，设计师再对比两种装修设计的不同，通过对比尽量让客户接受高价位的装修设计。报价中不同的板材价格相差很大，对比报价是为了让客户知道设计师的报价是最安全放心的报价。

↑不同装修风格、材质与空间布局大小都会影响到设计师的报价。

↑如果客户一味地纠结在报价上，可以就两种不同装修风格、板材材质，做一份对比报价。

➔ 第四招：付款方式

尽管设计师在报价之前已经向客户充分地展示了装修设计的价值，但是仍然可能遇到客户对设计师的报价要求打折，因为客户总是希望以最低的价格买到最实惠的装修设计。如果客户最终的疑虑是他不能承受高价或低价商品的价格，而设计师也相当肯定预算是问题所在的话，那就是时候讨论一下其他的付款方式了，旨在成功地转移客户的注意力。

设计师可以利用分期付款、预约订购、限时抢购的方式，或者任何能方便客户的支付方法作为处理价格的最后手段。在客户需要这一份装修设计方案但是又显得犹豫的时候，或者当客户觉得按月付款比一次性付款更容易接受时，这种方式是最好的成交方法。

★签单小贴士

抓住客户签单时心理活动

设计师要抓住客户在签单过程中所表现出来的心理活动。在签单过程中，恰当的心理策略能够帮助设计师快速签单，打折虽然可以吸引更多的客户，而让利会让更多的老客户动心，丰富的赠品会增加新客户的数量。利用客户这种爱“便宜”的心理，抓住一切可以签单的机会，设计师就离签单高手不远了。

5.5 请谈单高手帮忙

即使是非常优秀的设计师，也不可能和每个客户都做成生意。每一种交易情况中存在的问题都各不相同。当无法搞定客户时，不妨试试将其移交给公司里的谈单高手，移交谈单高手是一个重要的签单技巧，能够帮助设计师从每一位走进公司大门的客户身上获得更多成交机会，属于谈单中的重要技巧，对于刚刚走进装修行业的新人来说，谈单经验不足，好不容易预约到的客户如果因为自己谈单能力不足而导致签单失败，这是很令设计师失落的事情。

当设计师个人无法促成交易时，移交谈单高手在这种情况下为设计师提供了解决问题的方案。让另一位拥有更好成交机会的设计师接手谈单工作，就能实现客户和公司获得双赢，既满足了客户的装修需求也实现了扩大公司品牌知名度与利益的提升。而且作为设计师本人也获得了成功，因为设计师为这桩交易出了一半的力（通过移交而达成的交易其佣金通常是两位设计师平分的），若是没有移交，这桩买卖也许不会发生，设计师损失的不只是一个客户，要知道一个成交客户的身边可能有着多位潜在客户。

发生在交易情况中签单失败最为常见的原因有设计师某种个性冲突、专业技术知识缺乏，或缺少基本成交能力等。

1. 个性冲突

个性冲突的问题是很好理解的。作为一名优秀的设计师，不指望能得到所有人的喜欢。如果某位客户表示出不喜欢，这并不能说明设计师的能力有限或者缺乏谈单意识。也许是因为某些极其荒唐可笑的原因，例如，设计师头发的颜色，刚好是客户最不喜欢的颜色；或是设计师的穿衣打扮让客户觉得不放心；或是设计师的外表让客户感到了潜在的不安。有些客户的古怪想法让设计师根本无从入手。个性或形象的冲突一直都在发生，对于这个世界上某些最优秀的设计师来说也是如此，我们每个人不能期待所有人都喜欢自己，也做不到让所有人满意，设计师亦如此。

2. 专业知识缺乏

设计师遇到的另一个常见问题，就是对设计方案中的某种材质或结构构成缺少基本知识或专业技术知识。当客户提问在客厅装地砖还是木地板时，在设计方案中客户要求增加了地暖，设计师在这时却没有给出明确的答复，因为自己也不知道到底哪种好，还帮助客户选择了普通木地板。

地砖的导热性好、散热较快，而且环保、耐水，而开启暖气后地砖能够更快地达到需要的热度，但是铺地砖，一定要保证地热管的质量。在选用地板时，最好是选用地热地板，这是根据地热采暖方式的特殊性来决定的。而普通地板遇热易产生变形、鼓空等现象，后期维修也比较麻烦。

如果设计师不知道客户所提问题的答案，可以向身边真正知道答案的人寻求帮助。装修是一门硬技术，在选材和结构设计上不过关，客户入住后各种问题接踵而来，客户住得不开心也就不可能帮忙介绍新客户了。设计师不要试图在客户面前不懂装懂，尤其是装成技术专家，这无疑是在向这笔交易送上“告别之吻”。要知道，客户一旦知道设计师对他有所隐瞒或者是撒谎，合作基本上就没可能了。

3. 缺乏成交能力

在谈单签单中最为常见的问题是不成交客户，明明感觉自己跟客户讨论得很好，但是一到签合同就卡壳，要么就是客户已经与其他公司合作了，无论自己怎么努力，始终无法与客户成交。在谈单中偶尔会出现这种情况是正常的，但是如果设计师一直处于这种困惑中，这就需要从自己身上找出问题的根源。

笔者有一个朋友曾经做装修设计，在装修公司待了半年心灰意冷地离开了，因为这半年来约见的客户很多，每个意向客户都很愿意与其讨论装修的事宜，但是里面没有一个成交的客户，最终他离开了装修转投其他行业。

没法成交原因可能有很多方面，首先应从自己身上找原因。可能是平时缺乏谈单练习，但也可能是因为客户不愿意成交，想要寻找更好的装修公司；也有可能在谈单的过程中，设计师没有接收到来自客户的签约信号，导致客户与其他公司合作；还有可能在谈单中客户没有给设计师十分明确的指示，如点头赞同自己的设计、专心听设计师说、偶尔提问等，如果在整场对谈话中客户都没有这些动作，那就意味着签单的热点还没有被触发。

在这种情况下，为了公司的利益和客户的需求，设计师需要移交谈单高手，给客户一个与店里的其他设计师交谈的机会，或许这位设计师能更好地为客户服务。不过，在设计师移交销售之前，应该让客户抱有谈单的热情，这样做能为帮忙的设计师施展身手留出余地。

↑成交客户并不是设计师的设计要足够完美，也不是需要设计师努力地讨好客户，而是设计师的设计客户正好需要，设计师正好知道。

↑一份好的设计效果图能让客户眼前一亮，在与客户谈单时，更多的是客户在谈单中逐渐认可设计师。

4. 如何移交客户

当设计师感觉依靠自己的能力、知识与谈话技巧无法与客户谈论下去，但是客户对签单的兴趣很浓厚时，可以请公司的谈单高手过来帮忙，但是如何在移交的过程中不让客户感到尴尬不自在呢?

在设计师准备移交客户时，最重要的一点就是要把客户托付给一位谈单能力强的签单高手，否则这次的谈单也会面临失败的下场。同时，店里的每一位设计师需要把客户的兴趣和需求装在心里，能够随时随地将有效信息转交给签单高手，避免再次询问客户让客户感到厌烦，可以在谈单中节省更多时间，毕竟客户过来谈单一次都不容易，要抓住每一次机会。

在移交客户的时候需要注意以下三个方面的问题，这样做的目的是让客户放心地与新的设计师沟通。

首先，向客户解释，将请其他人参与到谈话中，这个人能更好地回答有关装修与设计的问题。移交很重要的一点是让客户感觉到设计师把他托付到一个专业人士的手里，而不是设计师主动放弃他了。

其次，不管设计师在何时移交客户，最重要的是要让客户感到移交会帮助客户正确地选择适合自己的装修设计，而不是受设计师任意摆布，要先与客户讲清楚，消除客户内心的疑问，这种方式能让客户感觉更加放心。

最后，一旦移交客户完成，马上退出与客户之间的谈话范围，毕竟客户同时面对多个设计师也会“压力山大”，这时候客户在谈话时就会显得小心翼翼，生怕自己一不留神就忽视了装修中的重点，两个人之间的谈话更像是朋友间的闲聊，能让客户放松心情投入到谈单中。

第6章

把握客户的内心世界

识读难度： ★★★★★

核心概念： 化解焦虑、成交率、懊悔、售后

本章导读： 每天都有来自不同的家庭在做装修作业，我国的装修市场的需求人群众多，如何将众多的业主发展成为设计师的客户，是许多设计师迫切需要解决的问题，只有不断地谈单签单，才能提升设计师的经验与名气，创造出更多的签单机会。

6.1 化解客户的内心焦虑

当设计师觉得装修客户对设计师提供的设计方案和相关服务完全满意，但他们就是迟迟不签单，这是为什么呢？这个问题令许多的设计师百思不得其解。

对于装修客户来说，市面上有实力、设计好、有专业服务的装修公司比比皆是。可能设计师所在的公司在某方面强过某公司，也有可能在某方面不如某某公司，在这种情况下，很显然，设计师不能以正常的思维角度去拉拢客户。

市场上规模大、口碑好的装修设计公司众多，客户有挑花眼的时候，也有不知如何抉择的时候，影响客户签单的因素有很多，设计师需要从中发现问题并解决问题。

影响装修客户签单的最主要的因素可能是来自担心或不放心。为了维持自己有主见、不被他人影响的形象，装修客户不愿意表露出影响自身决策的焦虑原因。这些焦虑有些很明显，有些则很微妙。如果设计师能帮助装修客户找出他们的担心所在，显示设计师的敏锐，并且设法让装修客户知道设计师的设计和报价可以让他们安心，设计师接单的成功率就会大大提升。

1. 抓住客户的疑虑

担心签单后会后悔是大多数客户都会有的心理，即使今天看起来跟设计师签单是应该的，客户也会因害怕上当受骗，到了第二天、下星期，或是下个月自己会后悔。随着装修金额的大小以及客户自己必须做选择，这种恐惧会成正比而增加。同样，客户也担心因可能做错事而失去自尊。毕竟大多数客户都是第一次装修房子，各方面经验不够，加上谈单员的能言善辩，设计师越是会说，客户就越是心里发怵，这时候说得越多客户就越是选择逃避，抓住客户的担心点才是设计师此刻亟待解决的问题。

对于许多客户来说，买房加上装修可能已经花费了家里大部分积蓄，担心签约后因为某方面原因造成家庭财产损失，所以签合同对于客户来说是至关重要的大事。装修客户如果资金储备不充裕，会很小心谨慎。

客户会担心将装修控制权交给设计师，在装修的过程中处于被动的状态，有的客户对控制权感受非常的强烈，相信有不少的设计师在谈设计方案时已经感受过，例如在浴室没有办法放下浴缸时，只能挂淋浴，客户却非要放浴缸，但是出于设计师的角度是不建议的。同样的，虽然知道设计师是在为他考虑，他也会尽可能拖延签单的时间，因为他感觉到设计师对他控制全场的能力感到质疑，而延迟签单是他的权利。一旦设计师介入这个控制权，会让客户感到权利减少，这会加重他们的恐惧。每当这个时候，如果设计师没有收到客户的信号，基本上客户已经跟设计师“say bye bye”，作为一个设计师来说，每天都会遇到形形色色的人，与客户交流的基本相处方式应该有所了解。

有些客户自身就很矛盾，对未知的事情充满了疑虑。例如有的客户担心无法把握新居装修后的状况，无论设计师如何保证，他们一般宁愿维持现有的装修风格和色彩也不敢冒风险同意改变。而作为设计师，如果面对客户的这种心理该怎么解决呢?

对于犹豫不决的客户，如果设计师也顺着他的犹豫不停地说“那再看看，或者说再考虑一下”，那么设计师又会失去这个客户了。当客户犹豫不定，但是很想对此刻的居住环境做出改变时，设计师应该积极主动地为客户解决内心的不确定因素。首先，可以将公司的成功装修案例讲给客户听，将装修的效果图与竣工图给客户看，必要的时候可以让客户与案例的主人沟通一下（前提是设计师跟案例主人很熟，并且得到同意的前提下）但是这种做法比较少，最直接的就是直接带客户去正在装修的工地上去考察，毕竟眼见为实，耳听为虚。其次，为客户出方案效果图是留住客户比较好的方法，将二维图纸转换为三维效果图，客户的想象空间会逐渐地往效果图上靠拢，能够更加真实地体会到装修后的居住情况。最后，随着科技的发展，许多装修公司利用数码手段，用高科技的手法再现全屋装饰的场景，利用VR眼镜让客户感受效果图上的场景。

2. 了解潜在客户的需求

作为签单设计师要知道，设计师提供的不是单纯的装修设计方案，而是一种解决方法。如果满足客户的期望，客户就会顺利地签单，相反，如果客户期望落空，他就很难跟设计师签单，即使已经签约，工程余款支付也会比较困难。

一般装修公司都有明显的经营区域划分，有些公司则没有明显的区域划分。对于没有区域划分的设计师应该自行规划合适的接单区域，因为一个没有重点目标的装修客户区域，是无法有效开展装修接单计划的。传统的通过打广告等客户上门的单一接单方法已经有了突破，在新入住的小区设点和在公共场所“现场设点接单”的方法越来越受欢迎。离家近的装修公司并不多，朝九晚五的上班族很少有时间去跑装修公司，而现场设点咨询的方式更加方便快捷，谈好细节之后可以直接签单或者去公司考察签单。

客户喜欢设计师所在公司的装修服务还是竞争对手的服务？客户为什么选择竞争对手的服务？公司原有的客户状况如何？了解公司的原有客户，可以继续做好服务，挖掘新的商业机会。

在接单的最后阶段，装修设计师一定要设法解除装修客户最后的困惑。如果在其他条件一样的情况下，价格是客户主要考虑的因素，设计师应该向客户指出价格和成本是成正比的，高质量不可能是低价。虽然给客户的装修报价偏高，但在装修完工后的整个使用期间，只要客户不增项是不收取其他费用的，事实上在这方面而言价格对客户是很划算的。而且因为拥有更稳定的施工质量，可以省去很多后期的维修费。有时，客户最后考虑的问题来源于竞争对手。这时设计师就要向装修客户介绍，设计师的装修设计的优点正是他实际上所需要和必要的东西，而设计师的弱点则对做出签单决定的影响不太重要。设计师可以指出其他设计师或许有不一样的方案，但设计师的方案才是业主最佳和最低风险的选择。

6.2 拒绝客户说“不”

每个人做事都是有目的、有计划的，必定希望成功而非失败，这是人之常情。既然如此，为达目的，就必须让人无力拒绝。签单自然也是如此。签单的目标就是签单成功。我们再怎么深信商品，再怎么大力推荐，都必须得到客户的接受才能实现价值。身为设计师，在介绍商品时，要让对方也相信产品的价值，不容他们拒绝。说“不容拒绝”，可能会让人误解成“强加于人、强拉硬拽、强买强卖”，但事实上绝非如此。

想一想为什么客户会拒绝呢？为什么我们刚自报家门，对方就说“我不买”？这绝不是因为他们“不需要”。没有客户是真因为不需要才拒绝，更不是因为资金不宽裕、事务繁忙等来拒绝我们。

设计师一定要做到“签单为客户”。“签单为自己”的主动权毫无疑问在客户手里，设计师只能低姿态“求客户买”，不想低头也得低头。与之相对的，“签单为人”主动权则在设计师手里。站在客户的角度多考虑，设计师可以满怀自信地提出建议，甚至会让客户主动表示感谢。“签单为客户”和“签单为自己”，此中不同，明眼人一看便知（见表6-1）。

表6-1　　　　　　　　签单的出发点

签单为客户	签单为自己
为对方着想	只想拿提成
态度积极	态度消极
掌握主导权	没有主导权
强势	弱势
具有能动性	被动
充满自信	不自信
掌握整场节奏	对方控制节奏

“拒绝”对设计师来说可谓家常便饭，身为设计师遭到客户拒绝时该怎么办？比如，客户在跟设计师接触的整个过程当中表现得比较冷漠，也不太说话，他只是静静地坐在那里。这时候设计师要想办法让客户多说话，多问一些问题。因为当客户沉默的时候，常常表示设计师不能提起他的购买兴趣和意愿，所以要让他多说话。问他一些开放式的问题。什么叫开放式的问题呢？就是要引导他多谈对设计师的产品、服务的看法，对他们需求感兴趣的看法。只要能够引起客户来多说话，那么他们就会更容易地把注意力和兴趣放在设计师身上以及产品身上。从客户回答的过程中，就能比较容易地找出他们的需求。

有些客户提出的抗拒，有经验的设计师一听就知道是借口。比如说，“这个报价太贵了，我看到楼下的那一家就没有你们家贵，用的材料都是大品牌。”“我今天没有时间，我需要再考虑考虑，我回家跟我太太商量一下。”碰到这种借口型抗拒的时候，首先设计师需要做的就是先不要理会他这种借口型的抗拒。因为这些借口根本不是他不跟设计师签约的主要原因。当然设计师也不能完全地不当一回事，而是要用忽略的方式去处理。比如，“张先生，我想您所提到的这些问题是非常重要的，价钱是每一个人都会考虑的因素，所以我们待会儿可以专门来讨论一下您认为的价钱方面的问题。在我们讨论价钱问题之前，我想先花几分钟来告诉您我们产品的优点，为什么有这么多的客户愿意与我们的装修公司签约，而为什么您可能考虑找我们合作而不是与别人合作。”同时顺势再去介绍公司的产品、服务以及优点。

客户常常会提出一些问题来考验设计师，会问很多设计师想到的或是想不到的问题。所以每当客户提出问题来考验设计师的时候，事实上等于客户在跟设计师要求更多的信息。如果客户对设计师的产品不提任何的问题，表示他对设计师的产品可能不感兴趣，他不想了解设计师产品的有关内容。当他问设计师的时候，可以说："李女士，我非常感谢您能够提出这些问题来。"或者说："张先生，我非常高兴您能提出这些问题，因为您所关心的这些问题，代表您对这项产品是很在意的。"所以接下来设计师就可以回答他的问题，让客户得到满意的答案。当然，设计师要做这些事情的时候，首先必须对自身要销售的产品有充分认知，否则客户问设计师的问题，设计师一问三不知，那么这种抗拒设计师是没有办法解除的。

有时候客户会对设计师的设计和服务、公司甚至个人提出一些负面的评判。他会批评装修的质量，可能会对装修的报价感觉抗拒。碰到批评型的抗拒的时候，设计师所需要做的第一件事情就是去理解客户、尊重客户。接触批评型抗拒的客户，设计师可以用问题来反问他。因为，很多的抗拒根本不是客户真正的抗拒。设计师可以用问题法来确认他的抗拒是真的还是假的。可以问："李女士，请问价钱是您考虑购买的唯一因素吗？"或者说："王小姐，请问质量是您考虑购买的唯一因素吗？"或者说："王小姐，如果质量能够让设计师满意，请问您在其他方面有没有问题了呢？"也可以问客户："王小姐，一分价钱一分货，当您正在考虑价格问题的同时，好的质量和服务也是非常重要的，质量太差的装修想必也不入您的眼，您说是吗？"设计师要是用这样类似的问题来反问客户，转移客户的注意力，从而检查客户到底是真的抗拒还是随口一提。假设转移了注意力，客户之后不再提这个问题的时候，这证明他是随口一提的抗拒。可如果设计师发现客户后来又把相同的问题提出来了，那么可能就需要设计师去做进一步的处理。

有很多客户喜欢在设计师面前显示自己的专业知识，他想让设计师知道他非常了解设计师的产品，甚至比设计师还专业。想必很多设计师都碰到过这样的客户。面对这种客户，设计师的处理方式是一定要记得称赞他的专业，即使他所讲的事情是错误的。为什么呢？因为这种表现型的客户之所以想要显示他的专业，是因为他希望得到尊重、认可、敬佩。此时应该告诉他："张先生，我非常地惊讶您对我们的装修这么了解，您的知识丰富、专业，我想既然您都这么专业了，相信您对我们装修的优点应该都非常清楚了。所以呢，我相信我现在只是站在一个客观的立场来向您解说一下我们的产品。除了您刚才所讲的以外，还有哪些优点以及带来的利益，当我讲完了以后我相信您完全有能力判断什么样的产品是最佳的选择！"这样，就可以透过他的表现给设计师一个机会，让设计师去介绍解说自己能提供的装修服务。同时也让客户的自信心得到了极大的满足，客户既然都觉得设计师的产品这么好，他还有什么理由不跟设计师签单呢！

如果客户对于设计师这个人不太满意，表明设计师的亲和力跟客户建立得太差了，可能设计师谈了太多关于自己的设计、公司、服务的事情，把注意力放在客户身上的时间太少了。这时候应该做的事情是，立即着手重新建立与客户之间的亲和力，赢得他的好感以及信赖。这时候应该少说话，多发问、多请教，让客户多谈一谈他的想法。

有时候客户不相信设计师的产品真的有那么好。对于设计师解说的其设计和服务、优点、长处，客户同样也抱持着一种怀疑的态度。这时候设计师所需要做的事情是要赶快向客户证明为什么自己的产品会给他带来这些利益，为什么自己所讲的话是有信服力的。

另外，作为一名设计师，被客户拒绝很有可能是我们自身的原因。言谈举止和穿衣打扮是让人记忆深刻的东西。每个设计师应该心里有数，对一个人的第一印象首先就是外表。如果在外观、言谈、态度等第一印象上造成客户的不快，就会轻易遭到拒绝，还没开始展开沟通就已经被刷掉了。

既然如此，我们要怎样去突破洽谈环节呢？想避免被客户拒绝，首先就要做个“招人待见”的设计师。客户拒绝推销绝大多数时候都不是出于“装修产品如何如何”，而是因设计师而生厌。客户是以貌取人的，所以我们必须给人以良好的第一印象，不能让客户觉得不舒服，只有“招人待见的热心设计师”才不会被轻易拒绝。人的心理是趋同的，所以人们对“招人待见”有大致共通的标准。具体来说，就是干净利索、朝气蓬勃、规规矩矩。我们穿得一身干净利索，笑得一脸阳光明媚，问好满是朝气蓬勃，礼仪基本规规矩矩……做到这些，就能给人带来好的第一印象。

试想一下，眼前走来了一名设计师，他装扮整洁到无懈可击，满脸的朝气蓬勃，朗声在家门口问好：“不好意思，我是某公司的设计师，我们公司现在正在做年终回馈活动，可以打扰您五分钟吗？”整个人彬彬有礼。就在这个瞬间，这位设计师已经先声夺人了。不论在工作上还是私人生活当中，我们都要把交往的对方当作自己的一面镜子，用爱心和真诚对待他人，就会得到对方相应的回报。所以，我们带着热忱和礼貌面对客人，就会得到客户的信任。反过来，如果我们表现得平庸无奇，就会被客户随随便便打发走。

我们的穿着给人的印象越好，就越利于接下来的交谈。而如果我们穿得平庸又不醒目，和昨天、前天、从年头到年尾每天都有的那些设计师差不多，就会让客户产生审美疲劳，可能立刻就被拒绝。如果是设计师自己，设计师会怎么选？是专注整洁好，还是差不多就好？客户签下合同，并交纳一部分定金，签单中最为重要的洽谈——这两样都将由上述这些看似旁枝末节的形象维护来决定成败。

6.3 思路决定成交率

1. 扫楼

扫楼是装修行业中各大公司设计师都会使用的方法，能够与业主面对面的沟通。到普通人家登门拜访的时候，农村可能还不锁门，但城里基本各家各户都设有防盗对讲门。大多数设计师面对业主家对讲门，还没来得及进行自我介绍就会被拒绝；少数精英设计师，也得花不少时间让对方先开门。刚自报家门就被赶走的设计师，都有一个共同点，那就是说话好似念白，脸上表情僵硬，说话没有感情，客户立刻就反应过来："啊，这是来推销的吧……"别以为隔着门就可以放松警惕。设计师一张嘴业主就听得出来，能感觉出来那种毫无感情的冷脸念白。哪怕对方不在面前，我们也要像面对面那样讲话。在隔着对讲机问"早上好"的同时，我们一定要绽放出灿烂的笑容，带着应有的礼貌，一切要和当面谈话一样。只有这样才能让我们的话里有感情，从而给客户一种和一般设计师不同的好感。例如设计师为客户介绍装修所需的灯具。

叮咚叮咚叮咚……

客户："谁呀？"

设计师："李姐，早上好！"

客户："啊，你好。"

设计师："非常抱歉在您百忙之中前来打扰，我是××公司的，一直以来承蒙您关照了。是这样，李姐，您可能已经知道了，最近关于您家热水器和各种照明用具等家用电器的用电已经有了费用调整和折扣方案。我正是为此进行通知和讲解而来的。非常不好意思，李姐，请您给我点时间介绍一下。"

说话要不留破绽，也就是不给对方拒绝设计师的机会。但是与此同时，也要注意不能把对话变成自己的演讲，而要从互相问候开始有意识地进行交流对话。

在推销家用电器这类用处明确的商品时，可以简要地把它们的优势与洽谈相结合，最后亮出折扣，争取提起客户的兴趣。特别是"折扣"这个词是非常有效的，当我们说"我是向大家通知有折扣而来"之后，人们会非常自然地被吸引住："啊，真的有折扣吗？！"另外，设计师代表公司派发赠品时可以这么说："早上好，非常抱歉打扰您，我来自一直承蒙您关照的××公司，是这样，我们这次开展了新的促销活动，我是为派发赠品前来打扰的，一点心意不承敬意。”如果对方家用的是可视式对讲门，还可以把赠品在摄像头前稍稍晃一下让客户看到，这样会更有效果。要知道装修公司的客户有一半是经过老客户口口相传介绍的，设计师的一个老客户可能会带来好几个意向客户，所以每当公司有赠品回馈老客户的时候一定不能吝啬。

2. 电销

电话销售是近几年装修行业的销售方式，但是也是最为考验设计师的销售模式，面对对陌生电话以及骚扰电话接到手软的众客户，如何让自己在众多推销电话中不被挂断，成功地预约到客户，对于设计师来说是宝贵的经验。

电话销售不是单纯打电话推销，它只不过是见面签单的预约。正题应该等到见面再详谈。事实上，很多人都是电话里滔滔不绝说了一个多小时，结果却被一句话拒绝掉了。在实际签单当中，最容易被拒绝的不是上门签单，而是电话预售。哪怕是再没主见的人，只要隔着电话，看不见对方，也能果断做出拒绝。怎样去思考，怎样去组织语言，才能既避免时间的浪费，又能更顺利地取得预约呢?

不管对方是什么人、说的什么话，都应该做到一击击破对方的心理防线。电话预约也应如此。有的人想每个电话都试拨一下，这是不可取的。这样就算偶尔有客户肯买，也只是一时运气，根本算不上有效推销!

丁零零……

设计师：您好王先生，我是××装饰的小刘。

业主王先生：我不需要……（挂电话）

设计师：王哥，不是让您过来定装修的，装修是大事，咱们小区很多业主都过来先了解，您看这样好吗，我加下您微信，放心我不会乱发广告，因为我也不喜欢。我朋友圈会提供咱小区装修案例、装修知识以及我们公司近期对咱们小区推出的优惠活动，您有需要联系我就行，好吗?

业主王先生：您怎么知道我的电话的?

设计师：从朋友那里得知您刚好有房子装修（朋友也是在那儿买的房子）

设计师：您是名人，咱们小区有谁不认识您啊。

业主王先生：我的房子目前还没交房，过一段时间再说吧!

从这些对话可以看出来，王先生是自己的意向客户，如果客户直接挂掉电话，或者设计师没能继续维持与之交流，就会失去这个客户。但是只要他还没有跟其他的装修公司签订合同，那么他就一直是设计师的意向客户。

设计师：王哥，来电话也是想告诉您一个好消息……如果等您拿房再看，那个时候材料、人工都会上涨，到了年关您上班也忙，您还得去看装修，也没有太多时间去顾及装修公司这块，然后匆匆忙忙就定了，装修之后才发现是家不负责任的公司，那您得多亏啊，毕竟房子是您和家人一起住，肯定要多花点心思，这样后期住得才舒心、放心，您说对不对?

业主王先生：年底我确实是比较忙。

设计师：刚好我们公司现在做“定金膨胀三倍”的活动，您不如先预存定金，到时候装修的时候可以直接抵工程款，我们公司在小区正门口对面那一栋，一出小区就看得到，您有时间可以过来考察一下，我们公司在市里也是数一数二的大公司。

业主王先生：我没时间。

如果客户说没有时间，可能只是一个不想搭理的借口，但如果设计师准备得足够充分的话，客户也就没什么犹豫了。

设计师：要不这样吧，您定个时间，下次什么时间来，我提前准备好咱家的户型图，还有相关图片，或者平时晚上下了班来，只要您愿意过来，我们会安排好设计师在公司等您，不管多晚，这样的话，不耽误您白天上班时间，这么好的活动，您也了解到了，相信您也一定会感谢我的。

业主王先生：好吧。

设计师：刚才我和您小区的李先生通话，就是5号楼跟您住同一层的李先生，他开始也说不感兴趣，但是到我们公司了解了活动的时间和我的详细讲解后，他就马上报名了，而且还说让他单位的几个同事一起过来。您看这样，我加下您微信，把活动链接发您看看，好吗?

业主王先生：好，直接发我微信上，我哪天有空我过去。

最后客户了解后签单了。

★签单小贴士

微信营销

微信营销是伴随着微信的火热而兴起的一种网络营销方式，不少装修公司会将自己公司公众号在微信上推广，获得客户的点击率，得到更多的关注。目前在微信上的销售成交额也是相当高的，偶尔给意向客户推送公司公众号当促销活动，以及将公司的促销活动现场照片在朋友圈展示，让更多的客户了解到装修的知识，这也是一种营销手段。

电话销售并不是直接让客户进行签单，它只是一个预约方式。设计师在电话里把设计方案详细介绍之后，见面再进行一些补充。要注意让对方产生若有所悟而又似是而非的感觉，留下足够多的谜团，留下足够多的余地，等到最后见面与客户详谈的时候才有足够的谈资。

如果设计师非要在电话预约的环节把商品情况、价钱等全都详细介绍，并在电话里硬要客户下单，最终结果只有失败。客户会觉得这是强买强卖，等设计师上门量房就会吃闭门羹，也可能在设计师拜访的时候客户会躲出去，即便好不容易见到也会被立刻拒绝。那么，这样的电话预约有什么意义呢？花了大把时间仔仔细细介绍，结果却是零。设计师当这是在签单，但这只是错觉。

电话预售只是预约见面的方式，面对面谈单才是电销的最终环节，电话里寥寥几句也讲不清楚装修的细节问题，设计师需要在见了面之后为客户详细讲解设计方案。尽可能使对方有购买的意向，并接受设计方案。签单的重点在于如何与客户进行有效的洽谈。良好的沟通可以促使设计师的业绩两倍、三倍地增长。搞好洽谈，我们就能把商谈进行到最后，并完成其中相当一部分签单。

6.4 不让客户感到懊悔

客户的懊悔是对已购买的商品产生的后悔或内疚的痛苦感觉。相信每个人在每一次购买商品时都或多或少地体验过客户的懊悔。餐馆里的食物大概是少数几种设计师在购买之后不会想到退货的东西，除非设计师在一家五星级餐馆吃到了普通的食品。但是设计师仍有可能在餐馆里让客户产生懊悔心理。比如，他们把三明治放在设计师面前的那一刻，设计师却希望自己点的是汉堡。

客户的懊悔与花钱的多少无关。仔细想想这一点。例如客户买了一辆车、一套房、一艘游艇，或者任何大额的商品。但是一到了自己要在支票上签名的那一刻，懊悔就从头脑中冒了出来。觉得自己应该选择那个而不是这个，应该等到利率下降之后再买，应该在砍价时更坚决更耐心，应该再多想想，应该和家里人再商量一下，诸如此类的懊悔。

装修对于大多数家庭来说，装修意味着在营造长达几十年的居住环境，选择合适的装修材料、设计风格都需要抉择，也是一笔不小的开支，因此就会有许多客户在交定金、签合同的时候不再像当初询价时那么积极了，人们在高消费之后会产生心理活动——后悔。

1. 认可客户的选择

人人都希望自己的购物决定得到认可，也希望他们生活中所做的一切事情都能获得认可，包括购物、购房、装修等。在这一点上，有的人会显得非常的固执，如果别人没有注意到自己买了新东西，就会特意展示给其他人看——尤其是价格不菲的物品。然后很开心地做各种介绍，希望得到他人的赞美与羡慕。希望每个人都觉得自己的购买行为是正确的决定，如果一整天没人发现或者得不到别人的赞美，当事人就会觉得这件物品购买得不值得。

↑当客人对家里的一处装饰品进行了赞美，房屋主人会觉得很开心，因为自己的品位得到了他人的认同。

↑当客人说自己选择了自己喜欢的装修风格，自己也十分满意这个设计时，无论是来自谁的赞美，他们都会觉得是对自己的认同。

尽管如此，作为设计师，还是不能依靠别人去告诉自己的客户，说他与设计师签约是一个明智的决定，但是设计师又无法让他人去帮忙转达这个意思。原因之一就是，和过去相比，今天有越来越多的人独自生活，客户可能会开始怀疑他这次购物是否明智。因此，设计师的任务就是要求成交，并在成交后让客户放心。毕竟，设计师掌握了独一无二的机会，能使自己成为第一个让客户知道他们做出了正确选择的人。

当交易完成，资金进入收银台或订货单签署之后，设计师就不再被认为是设计师了。设计师只不过是商店里的一个普通人而已。因此，设计师说的恭维话会被当作赞美之词，而不是典型的营销词汇。在交易完成之后继续表现出对客户的关心，不仅显得值得信赖，还能表现出设计师的真诚。这是一种大多数从未获得的声誉，而这种声誉有着难以言说的好处。例如，一位设计师在交易结束后说："先生（女士），我觉得您在为女儿装修房子上确实做了很多工作，您是一个好家长，跟我们合作一定不会让您失望的。"适当地表达对客户的赞美，会让客户觉得自己的决定是正确的。

2. 巩固交易

哪怕是已经做了决定的事情，很多人还是会怀疑自己的选择是不是不够好？是不是其他的选择获得的利益更大，哪怕最后决策的结果确实还不够好，但总体还是受益了，人们也会痛苦不堪。这些怀疑与悔意的诞生，通常不是由于选择过少，而是由于选择太多，导致每一次的决策都很痛苦。因为总会觉得，被拒绝的那些更好，或者应该还有更好的。市面上的装修公司众多，总想着自己能够找到更好的一家，但是随着材料与人工费用的提升，设计师并没有为自己省下更多的钱，反而耽误了自己尽早入住新房的时间。

确认客户的购买有助于防止客户的懊悔。对于确认的效果而言，时机极为关键。但是在确认时，设计师该说些什么呢？这要取决于具体的情况。例如，客户在选择装修风格的时候很纠结，欧式的家具制作工艺的价格比现代简约风格会贵上一倍左右，但是客户又想要装出欧式风格的家居环境。最终客户选择了欧式风格，但是却因为最终的价格而不是很开心，这个时候设计师需要怎么做才能不让客户后悔自己的选择呢？

←欧式风格是大多数客户的最初选择，因为这种风格细节较多，比较耐看，但是造价很高。客户的内心纠结就在于此，希望达到美观与经济两全其美这种完全不可能实现的愿望。当设计师满足不了客户这种愿望时，客户就会将矛盾转移到设计师身上，影响最终签单。解决方法就在于设计师不要急忙将客户带入所期望的风格，多看一些简约时尚的风格，反复指出影响造价的因素所在。

首先，改变对客户的称呼。当设计师与客户相处几分钟之后，设计师可能已经知道了客户的名字。如果设计师还不知道，那就在支票、信用卡或者发票上找找看。使用“王先生”或者“王女士”等具体姓名来称呼客户，要比叫“先生”或“女士”更有个人指向性，客户在心里也会觉得更暖心，并感受到设计师对他的尊重。

其次是用“设计师”与“我”相称。这能帮助设计师进一步将交易个人化。这就相当于设计师与客户之间的谈话更倾向于朋友间的交谈，这时候客户在内心也得到了放松，让客户觉得做这个明智的选择的人完全是出于他自己的决策，而不是设计师帮助他做出的这个决定。装修签约后，后期施工会有更多的问题发生，与客户建立良好的朋友关系，后期沟通更方便，装修客户转介绍的客户有很多，作为设计师来说，高业绩高提成才是设计师的目标，这些都离不开此刻跟设计师交流的客户，所以设计师需要与客户建立更好的朋友关系，后期的单子才会更多。

客户签约后，给客户打确认电话。如果客户签订了20万元的装修合同，让自己从中获得了一笔不菲的佣金，这当然值得设计师多花两分钟时间打个电话，让客户知道设计师认为他做出了很好的选择。不管设计师是在当晚（这是更好的选择）还是在次日打电话，确认电话都是又一种让客户知道他们买得精明划算的有效方式。如果是需要特别订货或者要几天后才能进场施工作业，那么尽快打电话确认交易就更有意义了。

签约后，不能让客户感觉他跟设计师签约后设计师就不搭理人了，即使客户与设计师签约了，但还有其他的装修公司人员要与之联系，毕竟也有签了合同不交尾款的客户，这些都是真实存在的，许多装修公司都是客户交了尾款后才会将全部的佣金发放给设计师，如果因为设计师不在意、不搭理客户导致了客户转投其他公司，这就得不偿失了。

毕竟等待收货的这段时间，意味着客户的亲朋好友有更多的时间说服客户取消交易，与他们觉得好的公司再签约。根据销售行业的经验，如果设计师经常给签约客户打确认电话，就能显著降低客户退货及撤单的概率。对于成交后致电客户这类大胆的做法，虽然大多数签单人员都有些迟疑不决，但是这种做法能让客户感到开心，因此何乐而不为呢。毕竟大多数客户也由衷地赞赏这种态度，这让他们知道了设计师在关心他们和他们入住后的生活。这能够消除客户的懊悔心理，也肯定能让设计师有更多机会见到回头客、做成更多生意。

★签单小贴士

人脉是设计师签单的重要来源

许多业主不会轻易地相信某个装修公司或者某个设计师，但是对于亲戚、朋友、同事、小区邻居介绍的装修设计师却很信赖，原因就在于设计师与介绍人上一次良好的合作关系，让介绍人感到十分满意，两人在装修的过程中结下了良好的友谊关系。对于设计师来说，每一个与设计师签单的业主都可能会帮设计师转介绍客户，如此一来，职业素养高的谈单设计师与口碑好的装修公司比较容易得到客户的青睐，签单量自然就高。

6.5 完善的售后服务

装修售后服务是装修公司对本次装修服务竣工后为业主提供的售后保障。主要的售后服务项目包括水电施工项目、木工施工项目、油漆工施工项目和基础安装服务。不同装修公司对售后服务有着不同的责任认定范围及保修期限。

在我们的生活中，常见的售后问题有墙面开裂、瓷砖碰瓷、防水漏水、柜面掉漆、电路短路等问题。在入住的第一年的时间里，房间需要长时间地通风，由于气候与空气原因，会造成墙面开裂，在冬季室内温度较高，空气中失水较快，乳胶漆墙面容易开裂，此类维修问题装修公司会选择在一年中最佳季节，经过维修后第二年基本上不会发生类似的问题。瓷砖碰瓷的主要部位在管道的阳角处。

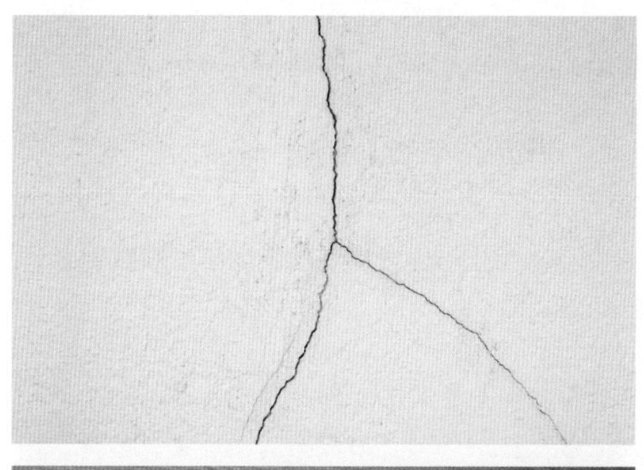

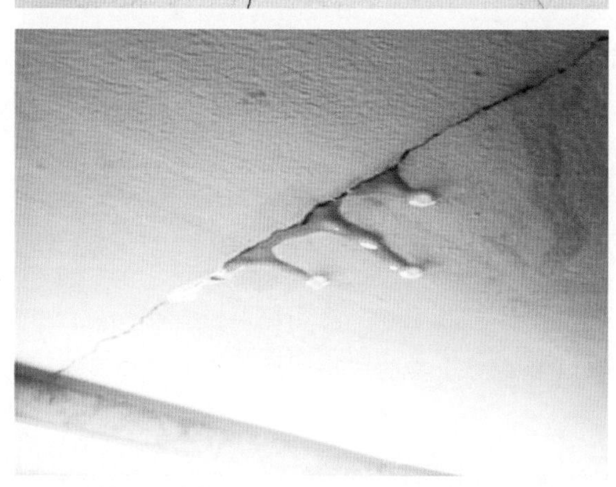

←卫生间漏水主要是由于前期的防水层没有做好，或者使用的防水涂料质量不高，导致防水层开裂，特别是地面与管道接触的缝隙处没有处理好，极易发生漏水的现象。家具表面掉漆是由于在刷漆的过程中板面与空气接触后产生的气泡，家具在潮湿的环境中就容易出现掉漆的情况，在保修期内都可以请装修公司施工员去维修。

房屋装修保修协议

甲方（业主）:

乙方（装饰公司）:

甲乙双方根据《中华人民共和国建筑法》《建设工程质量管理条例》和《房屋建筑工程质量保修办法》，经协商一致，对普通住宅装修工程签订工程质量保修书。

一、工程质量保修范围和内容

乙方应在质量保修期内，按照有关法律、法规、规章的管理规定和双方约定，承担本装修工程质量保修责任。质量保修范围包括主体结构工程、屋面防水工程、有防水、防渗漏要求的卫生间、电气管线、给排水管道、设备安装和装修工程，以及双方约定的其他项目。具体保修的内容，双方约定如下:按中华人民共和国《建设工程质量管理条例》第279号令执行。

二、质量保修期

双方根据《建设工程质量管理条例》及有关规定，约定本工程的质量保修如下:

1. 屋面防水工程、有防水要求的卫生间、房间和外墙面防渗漏为2年。

2. 工程保修期为3年。

3. 电气管线、给排水管道、电器等设备安装工程为2年。

4. 其他项目保修期为工程竣工证书发出/实际竣工日期后的12个月。

5. 安装系统保修从施工之日起，安装系统（除设备之外的安装材料）免费维修一年。

6. 主设备保修：从设备生产厂家规定的保修开始之日起（设备说明书或保修卡中注明），执行设备生产厂家的设备保修政策，设备生产厂家整机保修期不足一年的按一年执行。

三、保修程序

1. 保修期自工程竣工验收合格（以甲方出具的书面文件为准）后起算满1年。

2. 为本工程保修负责人。乙方指定的工程保修负责人的联系电话应随时保持畅通，如保修负责人或联系电话发生变动，乙方应及时以书面形式通知甲方，有关变更在甲方收到乙方的通知之日正式生效。

3. 乙方现场维修响应时间为24小时，以甲方书面传真通知或电话告知时起算。若发生紧急抢修事故的，乙方接到甲方通知后，则应立即到达事故现场抢修。

4. 经甲方组织验收合格，质量保修问题方视为处理妥当。如经验收不合格，甲方有权另聘其他施工单位进行维修，因此而发生的相关费用，均由甲方和甲方另行委托的施工单位按市场行情价进行结算，质量保修金不足部分乙方另行支付。

四、保修责任

1. 乙方迟延前往维修的，应承担质量保修金0.1％/日之违约金。经5个工作日连续维修或同一问题重复维修达3次以上，仍无法解决问题的，视为工程质量存有重大瑕疵，乙方支付甲方合同总价10％之违约金。

2. 若乙方不在约定时限内派人维修或超过维修时限仍无法完成维修的，乙方除应支付违约金外，同意由甲方另行委托其他单位维修，所发生的费用由甲方从质量保修金中扣付，不足部分由乙方另行支付。

3. 在保修期限内，因乙方原因导致的安装质量（包括电器、热水器等）缺陷造成房屋所有人、使用人或第三方人身、财产损害的，乙方应承担相应的经济与法律责任。如因房屋所有人、使用人或第三人向甲方索赔而使甲方遭受损失，甲方有权向乙方追偿。

4. 因乙方未按有关规定和本合同约定及时履行保修义务而造成新的人身、财产损害，乙方应承担相应的赔偿责任。

5. 非乙方原因造成的质量缺陷，乙方在履行保修义务后，有权就所发生的费用向责任方追偿。

6. 若因乙方原因造成第三方索赔的，乙方同意由其指定的工程保修负责人作为代理人，在接到甲方电话通知后配合甲方与第三方协商解决。因解决该索赔问题而由该工程保修负责人签署的文件、协议对乙方具有法律效力，乙方同意承担相应的法律后果。若乙方委托的工程保修负责人未按甲方的要求配合甲方进行协商处理的，则乙方同意委甲方全权处理补偿事宜，甲方与第三方签订的补偿协议书对乙方具有法律效力，其项下约定的补偿金由乙方承担，并授权甲方直接从乙方预留的质量保修金中扣除，不足部分乙方须另行支付。

五、其他约定

1. 本工程质量保修书，由甲方、乙方双方共同签署，作为施工合同附件，其有效期限至保修期满。

2. 本保修协议经甲乙双方签章后生效，未尽事宜由双方另行签订补充条款进行约定。任何一方不得擅自变更或解除本保修书。

3. 超过保修期的维修服务所用的材料、耗材、配件所产生的费用将由业主承担。业主使用不当或自行拆卸而导致的损坏由业主自行承担。

甲方：　　　　　　　　　　乙方：（公章）

代表人：　　　　　　　　　法定代表人：

第7章

签单必须掌握的技能

识读难度： ★★★★★

核心概念： 快速理解、空间划分、施工工艺、报价、成本

本章导读： 俗话说“没有金刚钻，不揽瓷器活”，设计师能够谈单签单成功，与其自身的专业知识、经验积累都有着密切的联系。对于装修签单高手来说，对设计风格的理解、对户型的精准划分以及对方案的表达能力都应该不在话下，信手拈来。毕竟签单机会总是留给有所准备的人，而你准备好了吗？

7.1 对户型空间快速布局

每个人对于自己未来的“家”的样子都有各种各样的美好想象。但现实中的房子往往与我们的需求和想象有着很大的差距。尽管房地产商已经根据使用对象的不同做出了很多种户型供我们选择，当我们拿到房子钥匙时，仍然会发现有很多地方非常不理想，有的甚至不可忍受，例如家里的过道长而窄，无法进行有效的沟通；进门处一望到底，毫无私密性可言；有的客厅没有办法放一张舒适的沙发，一面完整的背景墙……

这时候如果你遇到一位非常有头脑的设计师，你烦恼的这些问题通通都不是问题，设计师通过对装修调整和改变居室中原来不尽理想的方面，也就是对空间进行整体规划和调整，实现对空间利用的最大化。

设计师拿到原始房型图时，根据自我经验对整个家具空间进行快速的划分，同时保障每个空间使用起来不会觉得拘束，整个家居空间动线流畅，保障正常通行。这是设计师的首要工作。

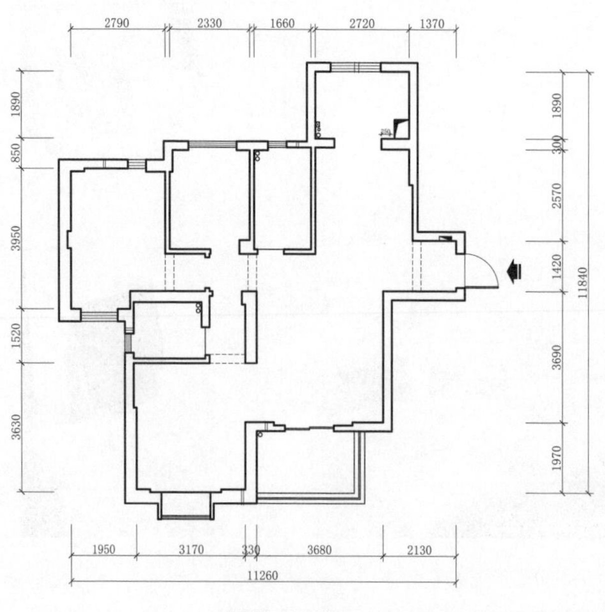

←绘图量房时设计师的基本能力，也是空间划分的重要依据，同时标注尺寸。

原始平面图

注：建筑面积113.69平米，套内装修面积91.7平米

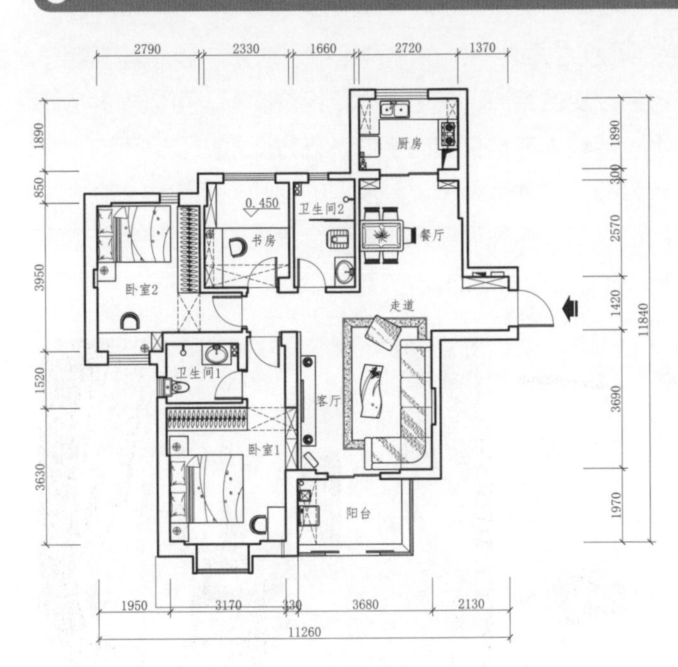

平面布置图

←根据房子的朝向、面积大小、使用功能，对空间进行快速划分。

1. 布艺隔断

当你对家中原有的空间分隔感到苦恼、不满意时，隔断不失为一种好办法。隔断无论其样式有多大差别，都无一例外地对空间起到限制、分隔的作用。限定程度的强弱则可依照隔断界面的大小、材质、形态而定。宽阔高大、材质坚硬、平面为主要分隔面的固定式隔断具有较强的分隔力度，给空间以明确的界限。

↑此种隔断空间界面不十分清晰，但能在空间的划分上做到隔而不断，使空间保持了良好的流动性，且空间层次更加丰富。

↑此种隔断适用于各种居室空间的划分及局部空间的限定。

布艺隔断是一种最便捷的隔断方式之一，布帘、线帘、珠帘、纱幔等都属于布艺隔断，具有容易悬挂、容易改变的特点，花色多样且经济实惠，可以根据房间的整体风格随意搭配，这是不少年轻人非常喜欢的手法，既方便打扫，又不缺乏个性。用轻巧的帘子把空间一分为二，可创造两个温馨浪漫的空间，而需要一个大空间时，只要将帘子重新拉开就可以了。这种隔断方式最适合紧凑的户型使用，既不会占用太多的使用面积，又可以达到遮挡的目的。

↑柔和的布艺隔断，在选择时也有一定讲究，注意要考虑到全屋的装修色调。色彩的搭配很重要。强烈鲜艳的颜色，会让居室显得活泼；质感厚重的深色调，令居室显得紧凑。

↑淡雅素净的暖色，能让居室更温馨，运用不同的布艺材质、颜色、造型，对空间的划分有良好的过渡作用，相对于隔墙、衣柜的厚重感及不可移动等特点，布艺隔断给人更加柔和的视觉感受。

2. 玻璃隔断

玻璃隔断因其明亮、通透，故具有扩展空间的作用，面积较小的房间也很适用。因为玻璃又具有防水、防潮、防腐性能，所以目前在市场中我们最常见的玻璃隔断被运用在卫生间或厨房内，比如在主人套房内，用玻璃隔断做成的书房，就具有更佳的采光性能。当然，也有业主喜欢在客厅里用玻璃隔断，不过这里的玻璃用得最多的是艺术玻璃，分隔空间的同时具有较好的观赏性。

↑选择玻璃隔断时，要充分考虑玻璃的质感，以及适合与什么样的装修风格搭配在一起。

←玻璃都属于冷光系，适合简洁明快的装饰风格。玻璃隔断和材质厚重的家具搭配，则会显得突兀、不融洽。

生活中有不少的空间会采用玻璃隔断，办公大楼的前台处，简洁明亮的玻璃隔断，让整个大楼的整体气质提升一个档次，而工作人员也能时刻关注隔断以外的情况。玻璃隔断是完美的办公室空间设计元素，其最佳用途就是将空间完美地区分，隔开会议室和业务部，主管室和财务室，总经理室和董事长室，合理运用面积，隔与非隔之间，是错落有致的最高境界。办公室如果很小，在很大的办公室做隔断，必然使得空间显得很紧促，而不完全隔断，让狭小的空间既能够体现功能区分，又不显得拥挤，最好的办法也是巧用隔断。

在装修中，玻璃隔断门也是常见的隔断空间的手法，能在分隔空间的同时又不阻挡视线，充分地将采光引到室内，真正做到“断而不隔，隔而不挡”的境界。

↑普通玻璃隔断显得简洁明快，彩色玻璃隔断显得清丽脱俗，喷砂或雕刻玻璃隔断显得高贵优雅。迥异的视觉效果其实全都是依赖不同的选材创造出来的。

3. 搁架隔断

这种方式同样很适合在紧凑的家居小户型中使用，这种隔断方式虽然会占用一些空间，但也具有较好的收纳功能。从设计师的角度来看，搁架隔断是可移动性隔断，它能将空间组合成多种有趣的形式，会将空间设置由“1+2+3”的方式变成

“1×2×3”的方式。例如选择将3个移动隔断推拉至一起，可能将客厅与餐厅变成了整体，而当选择将两个移动隔断90° 交织时，客厅空间可能变得独立起来，特别是安装了家庭影院，效果非常不错。

↑玄关隔断是室内常见的隔断方式，有的户型一进门就能将整个室内空间看透，隔断能分隔人们的视线。

↑“上部镂空、下部储物”的隔断能够在隔断视线的同时，增加隔断的实用性功能，同时能在心理上给人以安全、稳重、不会轻易倒塌的感觉。

↑搁架隔断也可以作为家里的展示柜使用，精心地搭配展示的物品，为室内空间创造美感。

↑搁架隔断也可以作为吧台、酒柜使用，是工作之余的休闲好去处。

4. 屏风隔断

屏风最基本的一种功能是用来分隔空间，营造出“隔而不离”的效果，使得室内功能分区更加明显，而且不用占太多的空间，特别在小户型空间里效果更为明显。在适当的位置放置一架屏风，可使居住的人互不干扰，各自拥有一个相对私密的空间。例如在面积较小的厅房中，用屏风做隔断，区分客厅和餐厅，既达到了功能分区的目的，又保持了二者之间的联系；在居室入口处放一架屏风，除了能够遮挡外界的视线，还能起到玄关的作用，玄关隔断能够将功能与美观相结合。屏风隔断的特点是小巧轻便，可随意挪动，且花色多样。

中式风格的屏风透出古典之美，散发着低调的奢华感，丝毫不做作。在屏风原有的基础上，通过设计师的创新设计，越来越多风格迥异的屏风应用到装饰工程中，对分隔空间起到重大作用。

↑选择屏风时考虑家具的颜色和风格，选择与之相配的，营造出“隔而不断”的艺术效果，反之则会破坏整个居室的氛围。

↑有些户型比较难在市场中选到合适的屏风，则可以到装修或家具厂家量身定做。

7.2 辅助客户选择装修风格

装修风格是设计师和业主在精神上的品位融合，展示出设计与生活的完美结合。任何一种装饰风格都不可能经久不衰，需要不断变化与更新。面对形形色色的装修风格，每个人都有自己的偏爱，装修风格的确立让设计师更容易把握设计的立足点，所以在确定风格以前，我们自己首先要对各种风格有所了解。

不同的装修风格给人不一样的感受，中式风格给人沉稳大气的感觉，现代简约风格简约不简单，地中海风格带人领略来自海岛的浪漫气息，东南亚风格能让业主感受到来自异国的异域情怀。

装修从风格上分类，可分为现代简约风格、田园风格、后现代风格、中式风格、新中式风格、欧式古典风格、地中海风格、东南亚风格、美式风格、新古典风格、日式风格、时尚混搭风格等。

作为一个装修谈单高手，熟悉各种风格的设计要素与风格介绍，能让你的专业技能提升一个等级。作为一名合格的装修设计师，熟悉每一种装修风格要素，设计师对客户多一分真心，客户也能感受到你对他的付出，想要签单必须先丰富自己。

1. 现代简约风格

简约主义源于20世纪初期的西方现代主义，现代简约风格就是让所有的细节看上去都是非常简洁的，装饰的部位要少，让空间看上去非常简洁大方。但是在颜色和布局上、在装修材料的选择配搭上需要费很大的功夫。简约不等于简单，它是经过设计师深思熟虑后的创新得出的设计和思路的延展，不是简单堆砌和随便的摆放。在家具配置上，白亮光系列家具，独特的光泽使家具倍显时尚，具有舒适与美观并存的享受。在配饰上，延续了黑、白、灰的主色调，以简洁的造型、完美的细节，营造出时尚前卫的感觉。此外，大量使用钢化玻璃、不锈钢等新型材料作为辅材，也是现代风格家具的常见装饰手法，能给人带来前卫、时尚、不受拘束的感觉。

现代装修风格背后其实体现了一种注重生活品位、注重健康时尚、注重合理节约的现代消费观。简约风格告诉我们的就是一定要从实际出发，切忌盲目跟风。

↑现代简约风格的基本特点是简洁与实用，在装修中着重考虑空间的组织与功能区的划分，强调用最简洁的手段来划分空间，不着痕迹地区分各个空间。同时极力反对装饰，除了居室功能所必备的墙体、门窗外，其余的装饰都是多余的，在色彩上采用清新明快的色调。

↑简约风格的装饰要素是金属构造、玻璃灯、高纯度色彩、线条简洁的家具等。其中家具强调功能性设计，线条简约流畅，色彩对比强烈。由于线条简单、装饰元素少，现代风格家具需要完美的软装配合，才能显示出美感。

2. 田园风格

田园风格是一种贴近自然、向往自然的风格，设计师通过装饰装修使家居环境表现出田园气息。其力求表现悠闲、舒畅、自然的田园生活情趣，是长期生活在都市快节奏生活的人们所追崇的。

田园风格重在对自然的表现，但不同的田园风格有不同的自然，进而也衍生出多种家具风格，如中式田园风格、欧式田园风格，甚至还有南亚田园风格，各有各的特色，各有各的美丽。

欧式田园风格，在设计上讲求心灵的自然回归感，给人一种扑面而来的自然浓郁气息。把一些精细的后期配饰融入设计风格之中，充分体现设计师和业主所追求的一种安逸、舒适的生活氛围；英式田园家具多以奶白、象牙白等白色基调为主，高档的桦木、楸木等做框架，配以高档的环保中纤板做内板，优雅的造型，细致的线条和高档油漆处理，打造出具有田园气息的欧式田园风格。

↑大量使用碎花图案的各种布艺和挂饰、欧式家具华丽的轮廓与精美的吊灯相得益彰。

↑英式风格的装修有悬挂的圆镜，带碎花的壁纸、抱枕，营造出浓郁的田园气息。

美式田园风格有务实、规范、成熟的特点。以美国的中产阶级为例，他们有着相当不错的收入作支撑，所以可以在面积较大的居室中自由地发展自身喜好，设计案例也表现出居住者的品位、爱好和生活价值观；中式田园风格的基调是丰收的金黄色，尽可能选用木、石、藤、竹、织物等天然材料装饰。软装饰上常有藤制品，有绿色盆栽、瓷器、陶器等摆设。

↑美式田园风格在材料选择上多倾向于较硬、光挺、华丽的材质。

↑中式田园风格在装修空间上讲究深度，多用隔窗、屏风来分割，家具陈设讲究对称。

法式田园风格最明显的特征是家具的洗白处理及配色上的大胆鲜艳。洗白处理使家具流露出古典家具的隽永质感，加上黄色、红色、蓝色的色彩搭配，反映出富足的景象；南亚田园风格的家具显得粗犷，但平和而容易接近。材质多为柚木，光亮感强，也有椰壳、藤等材质的家具。色调以咖啡色为主，搭配绿植，增添自然气息。

↑法式田园风格中，座椅椅脚被简化的卷曲弧线及精美的纹饰也是优雅生活的体现。

↑南亚田园风格通过绿化把居住空间变为绿色空间，营造出自然、简朴、高雅的氛围。

3. 后现代风格

后现代风格强调建筑及室内装潢应具有历史的延续性，但又不拘泥于传统的逻辑思维方式，通过探索创新的手法，布局上讲究人情味，常在室内设置夸张、变形的柱式和断裂的拱券，或把古典构件的抽象形式以新的手法组合在一起，采用非传统的混合、叠加、错位、裂变等手法和象征、隐喻等手段，创造出一种融感性与理性、集传统与现代、糅大众与行家于一体的“亦此亦彼”的建筑形象与室内环境。后现代主义至今没有一个确切的定义，这是由后现代主义的多元性和复杂性决定的。不确定性是后现代主义的根本特征之一。

←后现代风格特色由曲线和非对称线条构成，如花梗、花蕾、葡萄藤、昆虫翅膀以及自然界各种优美、波状的形体图案等，体现在墙面、栏杆、窗棂和家具等装饰上。

←线条有的柔美雅致，有的遒劲而富于节奏感。

4. 中式风格

中式风格是以宫廷建筑为代表的中国古典建筑的室内装饰设计艺术风格，气势恢宏、壮丽华贵、高空间、大进深、金碧辉煌、雕梁画栋，造型讲究对称，色彩讲究对比，装饰材料以木材为主，图案多龙、凤、龟、狮等，精雕细琢、瑰丽奇巧。中式风格的代表是中国明清古典传统家具及中式园林建筑、色彩的设计造型。特点是对称、简约、朴素、格调雅致、文化内涵丰富，中式风格家居体现主人的较高审美情趣与社会地位。但中式风格的装修造价较高，一般家庭难以承受，且缺乏现代气息，只能在家居中点缀使用，不可大面积使用。

↑中式风格的客厅具有内蕴的风格，为了舒服，环境中也常常用到沙发，但颜色仍然体现着中式的古朴，中式风格这种表现使整个空间，传统中透着现代，现代中糅着古典。这样就以一种东方人的“留白”美学观念控制的节奏，显出大家风范，其墙壁上的字画无论数量还是内容都不在多，而在于它所营造的意境。

↑中国传统的室内设计融合了庄重与优雅双重气质。中式风格更多地利用了后现代手法，把传统的结构形式通过重新设计组合，以另一种民族特色的标志出现。

5. 新中式风格

新中式风格将传统中式风格中的经典元素提炼出来，给传统家居文化注入了新的气息。室内装饰多采用简洁、硬朗的直线条，甚至可以采用板式家具与中式风格家具相搭配。

←直线装饰在空间中的使用，不仅反映出现代人追求简单生活的居住要求，更迎合了中式家居追求内敛、质朴的设计风格。饰品摆放比较自由，可以是绿色植物、布艺、装饰画、挂件以及不同样式的灯具等，这些装饰品可以有多种风格，但空间中的主体装饰物还是以中国画和紫砂陶等传统饰物为主，这些装饰物在摆放数量上不多，在空间中却能起到画龙点睛的作用，既能感受到中华文化的悠远历史，也能发现现代时尚元素。

←讲究对称，以阴阳平衡概念调和室内生态，选用天然的装饰材料，来营造宁静的环境。使用中式现代装饰风格，不仅需要对传统文化谙熟于心，而且要对室内设计有所了解，还要能让二者的结合相得益彰。再以一些简约的造型为基础，添加中式元素，使整体空间感觉更加丰富，大而不空、厚而不重，有格调又不显压抑。

6. 中式古典风格

中式古典风格是根据传统建筑厚重规整、中轴线对称等理论来制订的，尤其是中国传统建筑结构内容丰富，如藻井、天花、罩、隔扇、梁枋装饰等，对现代装修均有深刻的影响。中国古典风格的特征很明显，主要采用具有古典元素造型的家具，如博古架、玄关、装饰酒柜、推拉门等构件，频繁运用字画等装饰品丰富墙面。也可以有选择地买一些仿制明清古典家具，提升风格韵味，空间色彩沉着稳重，但是色调会略显沉闷，可以适当配置一些色彩活跃、质地柔顺的布艺装饰品在装修构件和家具上，使人感觉到清新明快。中式古典风格的一些室内设计理念，和如今最流行的简约主义有一些不谋而合之处，但是又能让人一眼就区分出来。

↑以木材为主要建材，充分发挥木材的物理性能。重视横向布局，利用庭院组织空间，用装修构件划分空间，注重环境与建筑的协调，善于用环境营造气氛。

↑运用色彩装饰手段，如彩画、雕刻、书法和工艺美术、家具陈设等艺术手段来营造意境。亲近自然、朴实、亲切、简单的格调却内藏丰富内涵。

7. 欧式古典风格

这是一种追求华丽、高雅等古典气息的风格，以华丽的装饰、浓烈的色彩、精美的造型达到雍容华贵的装饰效果。欧式客厅顶部喜用大型灯池，并用华丽的枝形吊灯营造气氛。门窗上半部多做成圆弧形，并用带有花纹的石膏线勾边。室内有真正的壁炉或假的壁炉造型。墙面用高档壁纸或优质乳胶漆处理。欧式家具最为完整地继承和表达了古典欧式风格的精髓，雕刻精美的家具、高颜值的壁炉加上华丽的树形吊灯，给人华丽优雅的视觉感受。

↑在家具配置上，主体设计厚重凝练、线条流畅、高雅尊贵。在细节处雕花刻金、一丝不苟，丝毫不显局促。涡卷与贝壳浮雕是常用的装饰手法，雕刻丰富多彩，追求奢华，表面镶嵌贝壳、金属、象牙等，木片镶嵌，整个色彩较阴暗，表面采用漆地描金工艺，有些家具雕饰上包金箔。

↑欧式居室有的不只是豪华大气，更多的是惬意和浪漫。通过完美的曲线，精益求精的细节处理，带给家人不尽的舒服触感，实际上和谐是古典欧式风格的最高境界。古典欧式装饰风格适用于大面积房子，若空间太小，会无法展现其风格气势，对生活在其间的人造成一种压抑感。

巴洛克装饰风格具有豪华、动感、多变的效果，空间上注重连续性，追求形体上的变化与层次感。一般巴洛克风格的墙体和构造都带有一些曲线，房屋四周、走廊上多放置雕塑和壁画，壁画、雕塑与空间融为一体，巴洛克装修风格使用曲线、曲面、断檐的柱式，不用顾及传统的构图特征与逻辑结构，敢于创新，善于运用透视原理，装修效果色彩鲜艳，变化丰富。

洛可可风格起源于法国，代表了巴洛克风格的最后阶段，设计形式大多小巧、实用，不讲究规则逻辑，完全呈现女性气场。各种细节设计很精巧，具有很高的技术水平，装饰色彩上多使用鲜艳娇嫩的颜色，如白色、粉红色、浅绿色等。大量运用半抽象题材的装饰，以流畅的线条和唯美的造型著称，通常使用复杂的曲线，结构上尽量回避直线、直角、阴影，很难发现节奏和规律。

↑欧式古典风格的地面材料多以石材或木质地板为主，客厅主要用家具和软装饰来营造整体效果，打造奢华的感受。

↑深色的橡木或枫木家具、色彩鲜艳的布艺沙发，都是欧式客厅里的主角。浪漫的罗马帘、精美的油画、制作精良的雕塑工艺品，都是欧式风格不可缺少的元素。

8. 地中海风格

地中海风格一般选择自然的柔和色彩，在组合设计上注意空间搭配，充分利用每一寸空间，集装饰与功能于一体，在组合搭配上避免琐碎，大面积的纯色显得大方、自然。风格特征主要表现为拱门与半拱门、马蹄状的门窗。地中海风格对中国城市家居的最大魅力来自其纯美的色彩组合。以白色、蓝色、红褐色、土黄色相组合。由于光照充足，所有颜色的饱和度也很高，体现出色彩最绚烂的一面。家中的墙面（非承重墙）都可以运用半穿凿或者全穿凿的造型方式来塑造室内的“景中窗”，这是营造地中海家居风格的情趣之处。

↑家具尽量采用低彩度、线条简单且修边浑圆的木质家具。地面则多铺赤陶或石板，马赛克镶嵌、拼贴在地中海风格中算较为华丽的装饰，主要利用小石子、瓷砖、贝类、玻璃片、玻璃珠等素材，打散、切割后再进行创意组合。同时，地中海风格家居还要注意绿化，可以配置小巧的盆栽植物作为局部环境点缀。

↑在选色上，一般选择直逼自然的柔和色彩，在组合设计上注意空间搭配，充分利用每一寸空间，流露出古老的文明气息。

地中海风格通过取材天然的材料方案，体现向往自然、亲近自然、感受自然的生活情趣；地中海风格装修还通过以海洋的蔚蓝色为基色搭配方案，自然光线的巧妙运用，富有流线及梦幻色彩的线条等软装特点来表述其浪漫情怀；在家具设计上大量采用宽松、舒适的家具来体现其装修的休闲体验。因此，自由、自然、浪漫、休闲是地中海风格装修的精髓。

9. 东南亚风格

在东南亚风格的装饰中，家居所用的材料大多直接取自自然。由于炎热、潮湿的气候带来丰富的植物资源，木材、藤、竹成为室内装饰首选。东南亚家具大多采用橡木、柚木、杉木制作家具，主要以藤、木的原色调为主，其大多为褐色等深色系，在视觉感受上有泥土的质朴气息。

在布艺色调的选用上，东南亚风格标志性的色彩多为深色系，且在光线下会变色，在沉稳中透着高贵的气息。经过简约处理的传统家具同样能将这种品质落实到细微之处，展现独特的风格面貌。卧室中常配置艳丽轻柔的纱幔与几个色彩丰富的泰式靠垫，以打造异域风情。此外，抱枕也是最佳选择，还可以将绣花鞋、圆扇等饰品挂置在墙面上，能立即凸显东南亚生活的闲情逸致。东南亚风格是一种广泛的地域风格，不同国家的装饰特色不同。

↑东南亚风格的家居设计以其来自热带雨林的自然之美和浓郁的民族特色风靡世界，正是因为它独有的魅力和热带风情而备受人们推崇与喜爱。

↑注重手工工艺而拒绝同质的乏味，在盛夏给人们带来南亚风雅的气息。

10. 日式风格

日本传统风格的造型元素简约、干练，色彩温和，家具陈设以茶几为中心，墙面上使用木质构件制作方格形状，并与细方格木推拉门、窗相呼应，空间气氛朴素、文雅柔和，以米黄色、白色等浅色为主。散发着稻草香味的榻榻米，营造出朦胧氛围的半透明樟子纸，以及自然感强的天井，贯穿在整个房间的设计布局中，而天然质材是日式装修中最具特点的部分。传统的日式家居将自然界的材质大量运用于居室的装修、装饰中，以节制、禅意为境界。

↑日式风格的空间意识极强，形成“小、精、巧”的模式，明晰的线条，纯净的壁画都极富文化内涵，尤其是采用卷轴字画、悬挂的宫灯、纸伞作造景，使家居格调更加简朴高雅。日式风格的另一特点是屋、院通透，人与自然统一，注重利用走道吊顶制作出回廊、挑檐的装饰形态，使家居空间更加敞亮、自由。

↑局部空间使用日式传统风格设计会别有一番情趣，可以将现代工艺、技法应用到日式风格装饰造型中。在设计中也要考虑到家庭成员的生活特性，尤其是席地而坐，但是这种生活方式并不适合每一个人。

日式家居空间由格子推拉门扇与榻榻米组成，最重要的特点是自然性，常以木、竹、树皮、草、泥土、石等材料作为主要装饰，既讲究材质的选用和结构的合理性，又充分地展示天然材质之美。一般日本居民的住所，客厅、餐厅等对外部分是使用沙发、椅子等现代家具的洋室，卧室等对内部分则是使用榻榻米、灰砂墙、杉板、糊纸格子拉门等传统家具的和室。“和洋并用”的生活方式为绝大多数人所接受，两者相结合后的效果更为惊艳。

传统日式风格将自然界的材质大量运用于装修装饰中，不推崇豪华奢侈、金碧辉煌，以淡雅节制、深邃禅意为境界，重视实际功能。选用材料上也特别注重自然质感，以便与大自然亲切交流，其乐融融。新派日式风格家居以简约为主，日式家居中强调的是自然色彩的沉静和造型线条的简洁，和室的门窗大多简洁透光，家具低矮且不多，给人以宽敞明亮的感觉。

11. 简欧风格

简欧风格是目前住宅别墅装修最为流行的风格，简约、质朴的设计风格是众多人群所喜爱的，现代快节奏的生活使得人们焦虑、烦躁，而简单、自然的生活空间却能让人身心舒畅，感到宁静和安逸，便可以满足我们对悠然自得的生活的向往和追求，让我们在纷扰的现实生活中找到平衡，缔造出一个令人心驰神往的写意空间。装修的底色大多采用白色、淡色为主，家具使用白色或深色都可以，但是要成系列，风格统一。同时，一些布艺的面料和质感很重要，比如丝质面料会显得比较高贵，棉麻面料则较为质朴。

↑简欧风格装修中，条纹和碎花也很常见。

↑色彩华丽且用暖色调加以协调，变形的直线与曲线相互作用以及猫脚家具与装饰工艺手段的运用，构成室内华美厚重的气氛。

12. 混搭风格

混搭风格是当今最普及的一种风格设计，“混搭”已经弥漫到我们生活的各个角落，它代表了当代人的一种生活方式和生活态度。混搭并不是简单地把各种风格的元素放在一起做加法，而是把它们有主有次地组合在一起，充分利用空间形式与材料，创造出个性化的家居环境。室内装修及陈设既注重实用性，又吸收中西方结合起来的传统元素，如现代主义的新式沙发、欧式吊灯、东方传统的木雕装饰品同居一室，搭配协调，令人赏心悦目，这种风格将早几年流行的水曲柳、榉木与现今流行的黑胡桃、白硝基漆饰面相互搭配。

↑在处理格调上应注意各种手法，不宜过于夸张，否则会显得整个家居环境零乱。

↑需要特别注意装修的层次感，选取某一种装修风格为主调，再加入另一种装修风格的装修元素，做到有主有次，才会显得层次分明，不会喧宾夺主。

13. 工业风格

20世纪40年代工业风格指的是由旧工厂或旧仓库改造而成的，少有内墙隔断的高挑开敞空间。

当时，艺术家与设计师们利用废弃的工业厂房，从中分隔出居住、工作、社交、娱乐、收藏等各种空间，在空旷的厂房里，他们构造各种生活方式，创作行为艺术，或者举办作品展。这些厂房后来也变成了最具个性、最前卫、最受年轻人青睐的地方。在20世纪后期，工业风格和后现代主义完美碰撞的艺术，逐渐演化成为一种时尚的居住与工作方式，并且在全球广为流传。

↑工业风格最显著的特征是高大而开敞的空间，上下双层的复式结构，类似戏剧舞台效果的楼梯和横梁。将这大跨度流动的空间任意分割，打造夹层、半夹层，设置接待区和大而开敞的办公区。

←工业风格成为一种城市重新发展的主要潮流，它为都市人的生活方式带来了激动人心的转变，对新时代的城市美学也产生了极大影响。

7.3 掌握装修施工工艺

装修是一项大工程，过程很长、细节很多，所以在装修前需要有很多准备工作，装修中也得进行各种工程质量检查等，作为一位签单设计师，对施工工艺必须有一定的了解，才能对客户提出的疑问对答如流。

1. 开工交底

装修开工交底就是开工前，施工人员、用户、设计师、工长一起对房子的设计进行沟通确认，设计师把设计要求告诉施工人员，用户针对自己的生活习惯提出自己的看法，工长、设计师及施工人员也会针对设计及用户的想法进行探讨，找到合适的方案。

施工交底是装修过程中的一个重要步骤，是设计方向施工方交代图纸，确定图纸可施工性的过程。交底彻底就可避免后期很多纠纷的出现。因此交底时，业主要确认施工项目，有特殊设计和项目应向设计师和工长、监理多发问，以便及时发现不合理的问题，避免后期出现减项等。

开工前，业主、设计师、项目负责人、施工人员要一起到场，确认房子整体设计施工内容，彼此间沟通好，确定具体时间节点、设计内容，才能确保日后施工顺利进行。为避免进户门在施工过程中损坏，装修公司应使用专用门套和保护膜将门、手柄严实地包裹起来。根据设计方案，设计师将向水电施工人员详细介绍强弱电、水管排布图以及每个房间的施工细节。施工人员反复用小锤敲击厨卫间每处地面，仔细检查地面铺设质量及本身的管道布设情况，避免日后错误开凿。查看地漏是否通畅，也是房屋验收时的重要步骤，发现流动受阻，要及时联系物业解决，否则施工后发现，责任归于哪方就很难判断了。对于现场每个检测过的下水管管口进行封口保护，避免日后施工中灰尘、垃圾掉进去，堵塞管道。

2. 拆除工程

拆除工程是进入到施工阶段的最开始的工作，主体拆改是最先上的一个项目，主要包括拆墙、砌墙、铲墙皮、包暖气、换塑钢窗等。主体拆改，就是把工地的框架先搭起来，然后再进行装饰工程。

↑开始拆除工作，将整个房间的格局打通，为后期装饰工程做准备。

↑需要砌墙的地方，先用砖结构砌墙，一定要按照设计尺寸来完成，否则需要修改施工图纸。

↑将墙面做整体的清洁工作，方便后期打造柜子、粉刷工艺。

↑商品房原有的塑钢窗在质量与隔声隔热上效果不是很好，不少业主会选择更换品牌质量高的门窗。

一些业主拿到钥匙后，会选择将全新的塑钢门窗更换成断桥铝门窗。国内大多数商品房的门窗工程单价在200～300元/m^2。低成本决定了低品质、低性能和低舒适性。所以不少业主收房后会主动要求更换具有优异的保温能力、强大的隔声能力，以及更高安全性的隔热门窗。

3. 水电气工程

水电的装修对于每家每户来说都是至关重要的。因为水电工程质量的好坏，直接影响着业主们今后的生活品质。在水电安装知识中，施工前一定要有电气（强电、弱电）图、给水排水设计施工图。

在砖混结构上安装灯具，严禁使用木楔，应用吊钩、螺栓或膨胀螺栓等。固定灯具的螺栓或螺钉不应少于2个，灯具不得安装在可燃构件上。

水路设计首先要考虑与水有关的所有设备，如家庭净水器、热水器、厨宝、马桶和洗手盆等，它们的位置、安装方式以及是否需要热水。洗衣机位置确定后，洗衣机排水可以考虑把排水管做到墙里面，这样看起来漂亮、方便。

电路的设计一定要详细考虑可能性、可行性、可用性之后再确定。谁也不愿意在新家的墙上地上满拉电线。电路设计同时还应该注意其灵活性，有时候也不能太过“周全”。在电器插头比较集中的位置考虑将来接一个插线板，效果往往要好于设置满墙的插座。电路布线时讲求不串线、不重叠，强弱电线不能在同一管道内，会产生干扰。查看油烟机插座的位置是否影响以后油烟机的安装；观察水表的位置是否合适……

↑给水与排水的位置关系要处理得当。

↑电路布局讲究强电与弱电分离。

4. 防水工程

防水工程没做好，自家受损不说，邻居找上门就只能“三陪”了，“赔礼、赔钱、赔功夫”。装修防水是一个需要注意的细节，属于装修中的隐蔽工程，卫生间防水是必须考虑的，厨房防水需要根据厨房内是否放置洗衣机决定，不论是新房还是老房子装修，一般卫生间都会做防水处理，不过一般新装修的时候，都会建议多做一次防水，并检测防水的效果，为了避免与楼下邻居发生不愉快及可能造成透水后的损失问题，建议装修防水重新做。

厨房防水高度可以不用很高，墙面防水高度在400mm即可。厨房地漏和直角处注意粉刷均匀。

用滚刷对卫生间墙面和地面进行粉刷，尤其是直角处，注意防水材料粉刷均匀和不遗漏。墙面做到1800mm高，粉刷的时候刷得尽量高即可，防水一般刷2遍，以确保防水效果。地漏部位、小水管和楼板衔接部位以及马桶管道等部位，往往是卫生间最容易漏水的地方，在施工的时候，需要重点处理这些部位，一般其他部位刷2次，这里需要刷2次以上；此外，渗漏比较多地出现在过门石下面。施工时，在过门石下面一定要事先做一个地带，防水一定要卷到地带之上，这样才能形成一个盆状，形成蓄水、挡水的功能。在做了防水后，需要做闭水实验，以便保证防水的效果，可以晚上在卫生间内放足够的水，然后第二天去楼下邻居卫生间查看是否有漏水。

↑在厨房地面做防水工程，特别是水管与地面的接触面要重点涂饰。

↑在卫生间做完防水涂饰后，将卫生间注水，24h后检查防水效果。

如果卫生间的卫浴是淋浴，那么按常规浴室靠淋浴头墙面的防水层高度不得低于1800mm，一般厚度不得小于150mm，且防水工程结束后必须要做24h蓄水实验，其他墙面做到100mm就可以。如果卫生间的卫浴是浴缸，那么与浴缸相邻的墙面防水高度比浴缸高出300mm即可。

5. 木工工程

在整体的装修设计中，木工装修是非常重要的一环。在这个方面许多消费者都略知一二，但是对于木工装修注意事项却一知半解。选择优良的板材是保证装修质量的第一因素。这不但要求对板材的质量进行选择，而且对板材的适用性也要有所要求。

木工施工除了测量要精确以外，还要从选材阶段就开始严格把关。首先要根据板材的使用位置来选择合适的板材，例如，书架等承重部位的板材可选用细芯板。不论是衣柜还是鞋柜，表面的门都必须用同一张板做，以保证花纹、色泽的一致性。对于木制品本身加工完后，还应该在外面再刷上一层白胶，才能够有效避免表面起拱或出现裂缝。

其次，钉眼的处理，严格来说是属于油漆工的范畴，但这与木工是相辅相成的。现在绝大部分的装修都使用再加工板材，施工时都使用了射钉等工序，如何处理这些钉眼就成了一个突出的问题。这就要求对腻子的配色采取十分严谨的态度，尽量使得配色后的颜色与木表面基本上一致，从而掩饰这些缺点。

↑固定石膏板吊顶时要用防锈自攻螺钉。

↑家具柜体制作完毕后，表面不能直观到钉眼。

6. 油漆工程

装修油漆涂料的选择是业主们比较头疼的事，由于对油漆等建材不了解，在纷繁复杂的市场上选择油漆涂料是很困难的，所以要掌握一定的油漆选购技巧才行。在选购油漆等产品的时候要注意，首先要选比较大的品牌，毕竟大品牌的保障要多一些，其次要注意油漆中是否含有铅、汞等对人体有害的物质，还有检验油漆是否有刺激性的气味，如果太严重的话会对居室居住产生诸多的不利。设计师在这方面应该多为业主考虑，毕竟业主在这方面没有设计师专业。

油漆的涂刷过程中是要注意空气湿度变化的，如果湿度太大，油漆会干得很缓慢，这样不仅影响工程的进度，还会影响装修中油漆涂刷的质量，而太过于干燥的话又会让油漆过快地干燥，而出现裂纹，那样就得不偿失了。油漆表面出现污斑是很影响美观的，我们在油漆施工的时候就要多注意这些问题，避免影响整体的美观。遇到这样的问题我们要分析问题出现的根源，找出原因之后才好解决。对此可以在油漆施工开始之前先给要刷漆的部分先刷一层含铝粉的底漆，这样能在很大程度上避免类似的问题出现。

↑涂刷白色聚酯漆要多次覆盖涂刷，形成一定漆膜才具有耐久性。

↑彩色乳胶漆涂刷应当预先测试颜色的精准度，调整合适后再大面积涂刷。

7. 安装工程

随着科技的发展、社会的进步以及人们消费水平的日益提高，更多的家庭选择了全屋定制家具，家具定制的模式越来越流行，每个房屋的格局不一，可以根据房屋主人的意愿进行装饰，作为设计师来说，需要熟知定制家具安装的一系列知识及施工工艺，及时发现并解决相关安装问题。

首先，需要对在物流点的货品进行检查，提检测包装是否完好无损，是否有破损，一旦发现有这样的情况，应拒绝收货。如果是直接运送到业主家中，一定要求现场安装人员开箱检查破损部位的内部家具是否有磕碰、有划伤等运输问题，区分责任方。

其次，在安装过程中，设计师要与安装人员、业主积极沟通，一般的板式家具（通常是没有任何的造型，即纯木板结构）的家具可以DIY安装，但仅限于一些小件家具，比如小鞋柜、小坐榻等；大件家具、实木家具，或者造型非常复杂的家具，如大衣柜、门厅柜等，不适于DIY安装。一旦安装出现了偏差，就都需要返厂制作了，其中的人力、物力损失都是不可避免的。

最后，检测安装过程中有没有遗漏安装的层板、拉手、螺钉，例如在衣帽间中，有多个方向不一的柜门，安装人员装反了或者漏装的可能性很大，设计师需要重点检查这些问题。检查柜体的内部结构是否与设计图纸的设计相符合，与整体的家具环境是否存在尺寸偏差。

↑对柜体的细节检查是设计师必不可少的工作，也是对自己和业主负责的表现。

↑橱柜要注意检查一下滑轮是否推拉正常，水龙头出水是否顺畅、没有阻塞等。

安装时要注意家中的其他位置的保护，因为家具一般在装修过程中是最后进场。重点保护的对象是：地板（尤其是实木地板）、门套、门、楼梯、墙纸、壁灯等。

8. 竣工验收

对于设计师来说，竣工验收是一件开心的事，工程结束后，看到业主满脸笑容地住进新家，那种不由自主的喜悦，是让设计师最开心的，这也是对设计师几个月来工作的肯定。

↑检查地面平整度，用垂直检测尺对地面的平整度进行检测，将测量尺度左侧贴近地面，观察水泡移动的位置以及刻度，一般地砖铺贴表面平整度误差为 5mm，而地板的平整度误差为 3mm，如果地面的平整度有明显的误差，极有可能是房屋本身的结构出现问题，或者是在装修的过程中处理地面时没有做好造成的失误。

↑用小铁棒敲击地砖表面，通过敲击的响声判断地砖是否空鼓，如果敲地砖空鼓声音会有明显的空洞感觉。一般地砖空鼓不超过砖面积的 20%，空鼓率低于 5%时属于高标准。

↑检查水电。首先，检查水龙头、阀门、水表安装位置是否正确和正常通水，阀门与水表开合的灵活性，这些物件更换起来十分烦琐，其次，用手摇晃水龙头和水管，检查安装是否牢固，有无松脱现象。如果出现以上情况，设计师应该立即与施工方沟通，马上进行更换，在业主收房前做好更换工作。

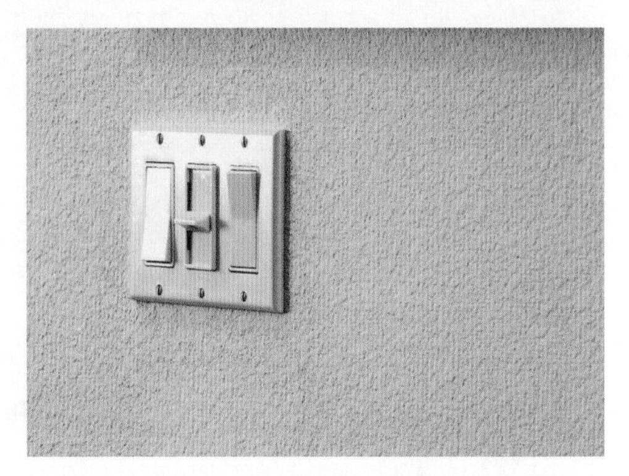

↑将房间里的所有灯都打开试试是否可以正常照明，一个开关坏了将会导致某个电器或整个区域停止运作。首先检查每个开关的表面是否存在刮痕，并且重复地拨动开关，检查开关是否仍灵活，检查开关所对应的灯具、电器是否都能正常地通电运作，关闭后，电器正常停止运作工作。

最后，检查木工项目的结构性与接缝处理，检查构造是否直且平，无论是水平方向还是垂直方向，木工的做法都应该是直平的，可以用垂直检测尺进行检查。用手来回地摇动柜门，感觉摇晃的过程中是否有响声及阻力，尝试多开合几次柜门，观察柜门是否能够很好地回位，设计师在做这些检查时，一旦出现上面的问题，要在业主收房之前得到解决，保证交付给业主使用时没有问题。用手来回摇动门窗，检查门窗的使用是否正常，摇动过程感觉门窗是否受到异常阻力与声响，检查门窗是否能承受不同的力度。

7.4 工程报价与成本

一提起预算报价，许多刚进入装修行业的人都是一头雾水，被密密麻麻的数字给弄晕了，本以为越详细的表格就应该越清晰，谁知这复杂的表格会令人不知所措。因此，设计师要在工作中不断培养自己的预算与报价能力。

1. 预算报价的含义

预算与报价其实是两个完全不同的概念，预算是指预先计算，装修工程在正式开始之前所做的价格计算，这种计算方法和所得数据主要根据以往的装修经验来估测。不过，现在绝大多数装饰公司给业主提供的都是报价，这其中要包含利润，如果将利润全盘托出，又怕业主接受不了另找其他公司。所以，现在的价格计算只是习惯上称为预算而已，实际上就是报价。它主要包括直接费和间接费两大部分，并且有严格的计算方法。当然，业主自行选购材料不在预算报价中。

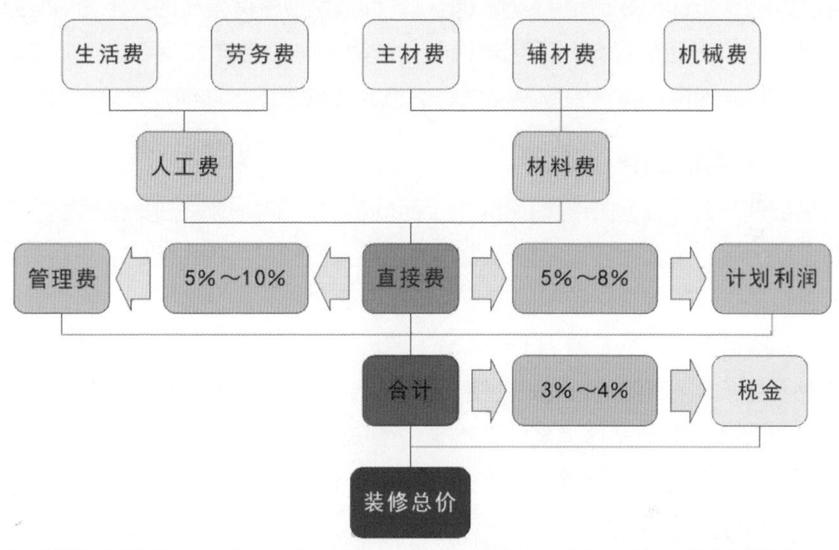

↑正常规范预算表应含有主材、辅材、人工费项目。另外预算表要有预算说明、工艺说明、材料说明和验收标准。有的含有特殊工艺说明，要注意特殊工艺是否要另外收费。

预算表要增加决算总价但不能超过预算总价5%，超出部分装修公司自理。这个范围区间可以根据房主的经济能力，装修计划花费的金额来考虑。这一条非常关键，如果最后决算价翻番，那么预算表就失去了意义。而且要注意多算、错算、漏算是装修公司的责任，如果因此超标，那么应该由装修公司负全责。

有些辅料会在很多地方用到，有些装修公司就会这里算一点，那里算一点，数额都不大，但合在一起也不是小数目。这个时候可以要求合并计算。

2. 装修直接费用

直接费是指在装修工程中直接消耗在施工上的费用，主要包括人工费、材料费、机械费以及其他费用，一般根据设计图纸将全部工程量（m^2、m、项）乘以该工程的各项单位价格，从而得出费用数据。

人工费是指工人的基本工资，需要满足施工员的日常生活和劳务支出；材料费是指购买各种装饰材料成品、半成品及配套用品的费用；机械费是指机械器具的使用、折旧、运输、维修等费用；其他费用则根据具体情况而定，例如，在高层建筑的电梯使用费需增加的劳务费。这些费用将实实在在地运用到装饰工程中。

以铺贴卫生间墙面瓷砖为例，先根据设计图纸计算出卫生间墙面需要铺贴18.6m^{2}墙面砖，铺贴价格为65元/m^2，这其中就包括人工费45元/m^2，材料费（胶黏剂）15元/m^2，机械费及其他费用5元/m^2。但是瓷砖由业主购买，不在此列。这样的计算方法为65元/m^2×18.6m^2=1209（元），即铺贴卫生间瓷砖的费用为1209元。

直接费的价格后面是材料工艺与说明，这里面一般会详细写到这个施工项目的施工工艺、制作规格、材料名称及品牌等信息，文字表述越详细越好。

3. 装修间接费用

间接费是在装饰工程中组织设计施工而间接消耗的费用，主要包括管理费、计划利润、税金等，这部分费用是装修公司为组织人员和材料而付出的，不可替代。

管理费是指用于组织和管理施工行为所需要的费用，包括装饰公司的日常开销、经营成本、项目负责人员工资、工作人员工资、设计人员工资、辅助人员工资等，目前管理费收费标准按不同装饰公司的资质等级来设定，一般为直接费的5%~10%。

计划利润是装饰公司作为商业营造单位的一个必然收费项目，为装饰公司以后的经营发展积累资金。尤其是私营企业，获取计划利润是私营业主开设公司的最终目的，一般为直接费的5%~8%。

税金是直接费、管理费、计划利润总和的3%~4%，具体额度以当地税务机关政策为准，凡是具有正规发票的装饰公司都有向国家缴纳税款的责任和义务。

严格来说，间接费应该独立核算，且直接费中是不能包含间接费的。但是管理费和计划利润加在一起达到了20%左右，这使很多业主在心理上不能接受，所以，许多装饰公司将管理费和计划利润融入了直接费中，直接费中隐含了管理费和计划利润，就演变成报价了，这也是预算与报价的根本区别。至于不收税金就不开发票，一旦出现工程质量问题，业主也很难维权，如果业主待竣工时要求开发票，则装饰公司会增收5%税金，这也高于国家法定的税金标准。

4. 预算计算方法

首先，计算出直接费，即所需的人工费、材料费、机械费和其他费之和。然后，就得出管理费=直接费×（5%~10%），计划利润=直接费×（5%~8%），并算出合计=直接费+管理费+计划利润。接着，可以得出税金=合计×（3%~4%）。最后，总价=合计+税金。这才是最完整的装修预算计价方法。

总之，决定预算报价高低的因素有装修材料的规格档位、装修设计使用功能、施工队伍的水平、施工条件好坏和远近、施工工艺的难易程度等。装饰公司的预算报价需要注意装修的工程量，查看有没有虚高或不准的数据，工程量大的项目，如墙面乳胶漆、瓷砖铺贴、衣柜制作等，设计师需多计算几遍。

需要注意的是，签订合同时，报价单各项累计必须准确，报价单总金额与合同总金额必须一致；报价级别必须准确；报价单上的客户姓名、开竣工日期、联系电话、工程地址必须与合同一致，且详细、工整。

报价中多项、漏项和工程量增、减量相加不得超过合同总金额的5%。补充报价中特殊的把握不准的项目必须请示工程管理部。

5. 成本核算

大多数企业进行成本核算都是为了得到更高的收益，所以，在进行核算之前需要先进行预算，确定了预算在合理区间之内，方可以按计划进行下一步操作，只有这样才可以保证装饰工程费用的合理性，才能实现最小化成本的目的。至于成本核算，一般是在装修完毕后进行，前期施工时，一般配有《装修工程项目成本核算表》，包括各项人工费、材料费等，方便后期核算。在核算过程中一定要准确到位，需要注意的有三个方面：首先是有无额外增加项目和额外款项；其次是与合同上的价格进行对比；最后，核算装修面积。

装修都是按实用面积计算，而非建筑面积计算，核算时应检测装修公司采用的是建筑面积还是装修面积。

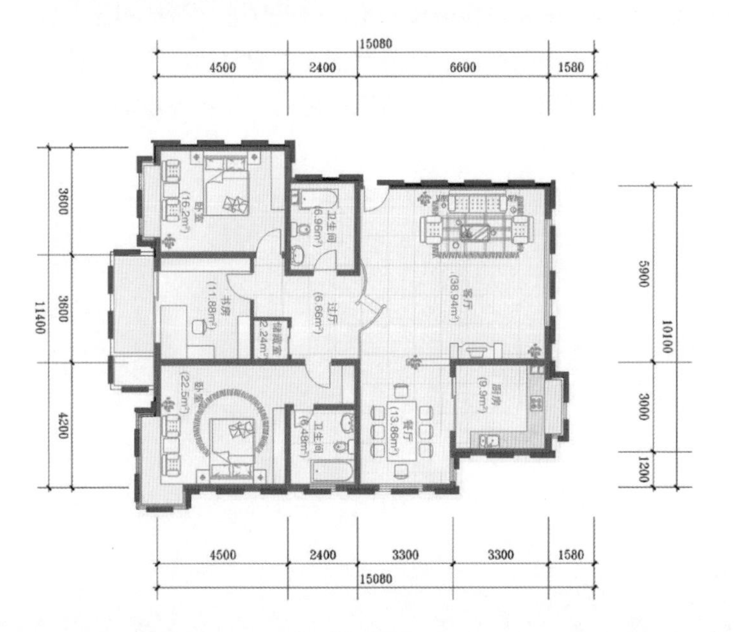

←建筑面积是整个房子的外部面积的总和，是从外墙的部分开始计算，此种方法计算装修面积不合理。

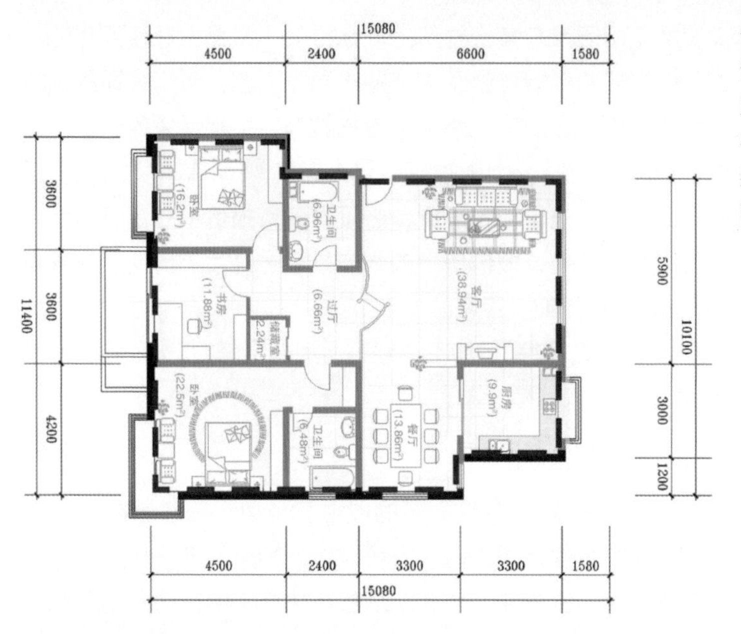

←实用面积是室内装饰的面积，也是设计师对房屋内部的面积进行设计方案的面积，而装修主要是对室内的面积进行装饰。

施工方拿到完善、科学、详细的设计图纸之后，所有的项目负责人和参与方应该依照要求编制工程计划书，从而方便选择最优施工方案，根据实际施工需求安排人员。预算人员完成了总体的工程预算和材料分析之后，以之前的工程计划书为标准，编制任务清单，经过项目负责人的审核、批准、签字之后交由各个参与装饰工程的负责人。材料员依照材料表和汇总单以及任务单对相应材料进行采购，保证施工中材料的供应，重要的是，材料的采购价应该按照出厂价处理。数量核对无误并办理好相关手续之后方可进库，保管员则需依照任务单依次领取材料。工程的施工应该按照任务单上的要求进行，包括清理工作，任务结束之后也需要经过检查、签字后方可记录，并记下相应的工资。

第8章

至关重要的方案设计

识读难度： ★★★★★

核心概念： 户型、尺寸、改造、签单

本章导读： 装修设计谈单成功的一个重要步骤，就是“精心提出解决方案，发掘和体现整体方案对客户的价值”。这个方案包括设计方案、材料和预算方案等全部图纸文件。设计方案非常重要，这是设计师在充分了解客户的真实需求的基础上，运用自己的专业知识和经验而提出的解决方案。它凝结着设计师的汗水和智慧，是能否真正打动客户签单的基础。

8.1 井井有条的居住空间

居住空间指卧室、客厅、餐厅、书房等使用空间。对于居住者而言，居住空间不仅是为了实现某种功能，更是集装饰与实用于一体。

居住空间设计是谈单签单的重要内容，它解决的是在一定空间范围内，如何使人居住、使用起来方便、舒适的问题。居住空间不一定大，涉及的科学却很多，包括心理、行为、功能、空间界面、采光、通风以及人体工程学等，而且每一个问题都和人的日常起居关系密切。空间的布局划分是设计师与客户沟通的重要环节。

↑居住空间是为居住者的活动提供的空间环境，满足物品的贮存功能。目的是使居室提供的室内生活、工作、学习必需的环境空间。它要运用空间构成、透视、错觉、光影、反射、色彩等原理和物质手段，将居室进行重新划分和组合，并通过室内各种物质构件的组织变化、层次变化，满足人们的各种实用性的需要。

↑处理好人与物、人与人、人与环境的关系。特别是要注意体现房屋主人独特的审美情趣，不要简单地模仿和攀比，要根据居室的大小、空间、环境、功能进行设计。

1. 原始平面图

从原始户型图中可以看出，开发商在建筑设计时主要考虑到房子的整体布局，设计师在空间设计时则需要考虑到业主的生活需求。

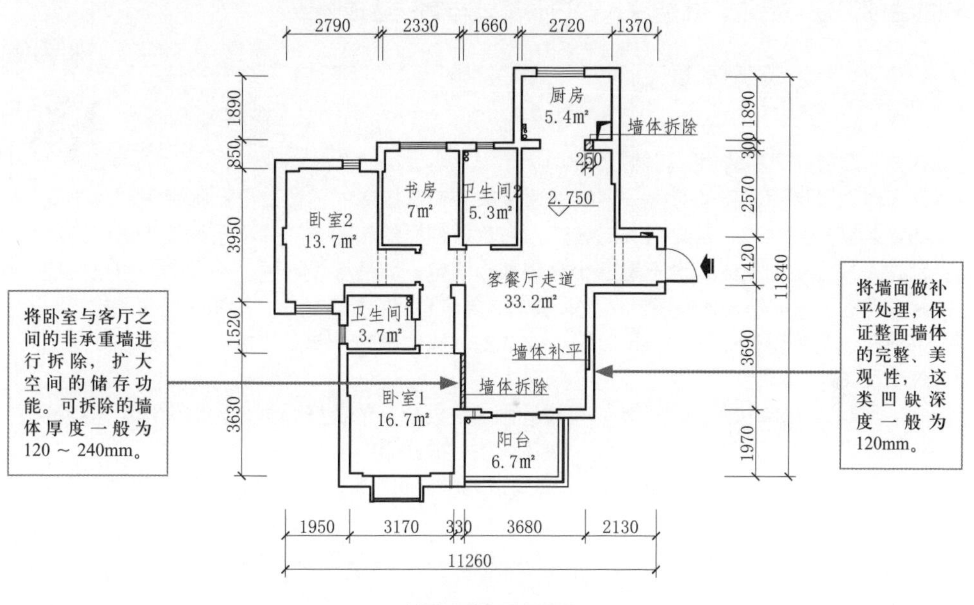

住宅原始平面图

★签单小贴士

拆墙与补墙

在装修过程中，设计师经常会根据业主的需要改造房间原有的布局，这不可避免地涉及原建筑物的拆除和重建。

（1）拆墙。确定打拆部位，做好标识后才能进行拆墙施工。拆墙不准破坏承重结构、不准破坏外墙面、不能损坏楼下或隔壁墙体的成品、不能堵塞住地漏、排水口，并做好现场成品保护，避免拆除施工时碎石等物体掉入管道堵塞管道以及损坏现场成品。

（2）补墙。室内隔墙有砖墙和石膏板隔墙两种，其中石膏板隔墙属于木工施工的范围。首先，根据图纸放样，在墙面画线；其次，利用线锥挂好垂直线及平面线，定直角，这样才能保证砌墙横平竖直。

（3）水泥和砂按照 1 ： 3 的比例搅拌好水泥砂浆。要注意其安全牢固，实用可靠，砖砌体的转角处、交接处应每隔 8 ～ 10 行砖配置 2 根 $\phi 6$ 拉结钢筋，伸入两侧墙中不小于 500mm。

2. 平面布置图

平面布置图的合理性与创新性，是设计师进行空间设计的基础。如果在平面设计中有明显的尺寸问题，入住后的业主将会面临更多的关于人体与尺寸不协调的问题，平面上的数据直接关系到业主今后的生活质量。

平面布置图设计水平是设计师签单的关键因素。在设计时要深入细节，揣摩客户的生活习惯与品位，才能深入客户心扉，与客户达成一致。

★签单小贴士

谈单从准备好“不成功”开始

作为设计师，我们必须一开始就清楚家装设计接单的困难。设计师每天都跟不同的家装客户打交道，各式各样的客户，有着各种目的和需求，并不是每位来访的客户都是来找你做家装的，也不是哪个客户都会签单，即使老设计师，不成功的时候往往是很多的。请记住，家装设计接单、谈单需要信心、能力、勇气、智慧、努力和技巧。而所有这些都不是一次或一天就可以养成的，成功第一步就是去接受“可能不成功”这个现实。

因此，“接单从不成功开始”是设计师首先要保持的良好心态，如果你认可家装设计接单是你的工作和职业，甚至可能是你一生的职业和事业。

所以设计师必须面临的现实，除了勇敢地学会面对客户，还需要勇敢地面对很多的“不成功”。

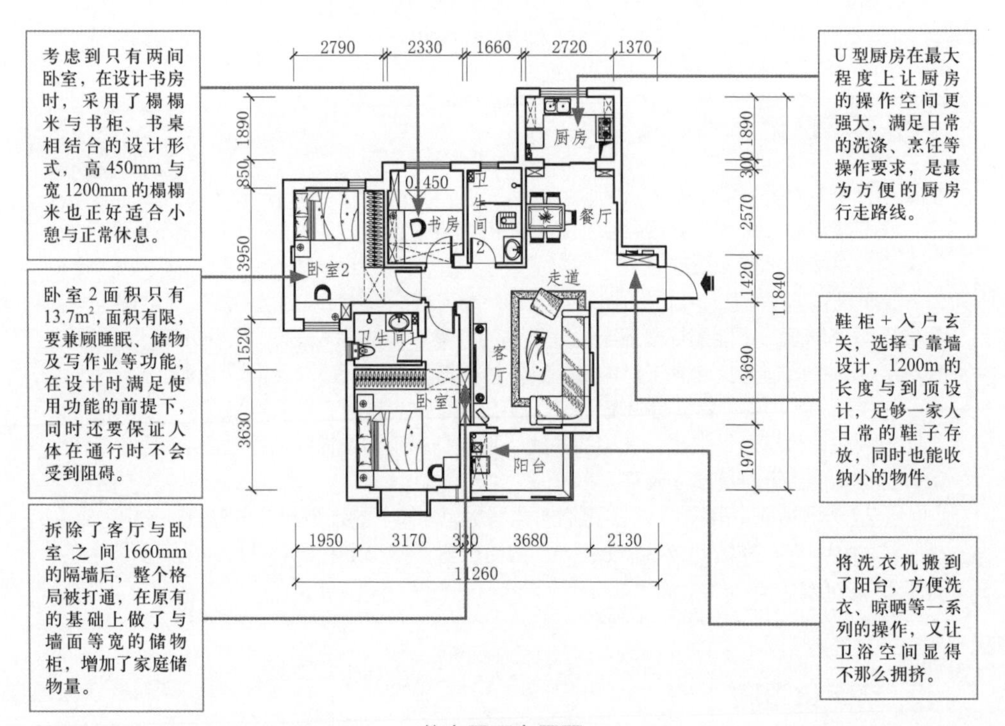

住宅平面布置图

3. 空间设计详图

（1）背景墙与地面设计。客厅层高仅有2.75m，背景墙只做了简单的艺术处理，简约的线条与灯光设计，满足日常生活中的使用功能与审美性。

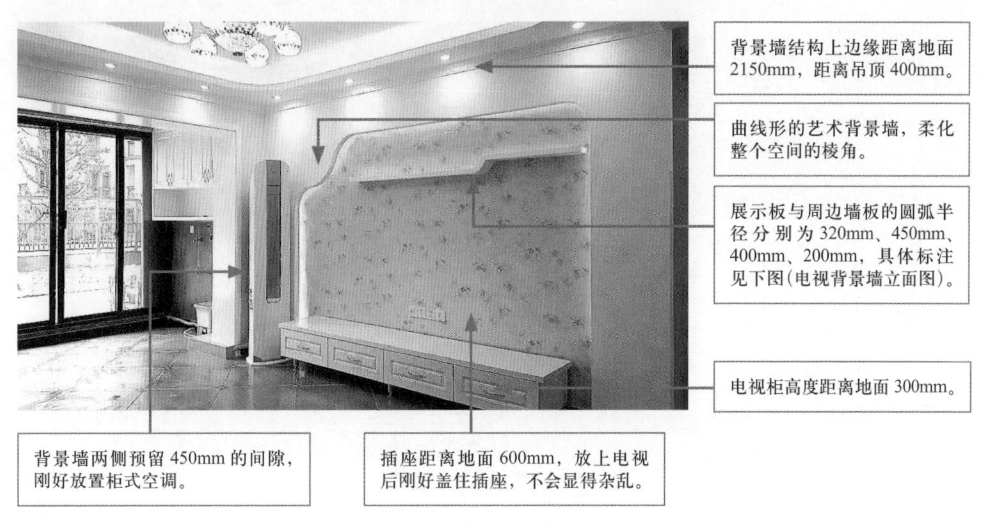

客厅电视背景墙

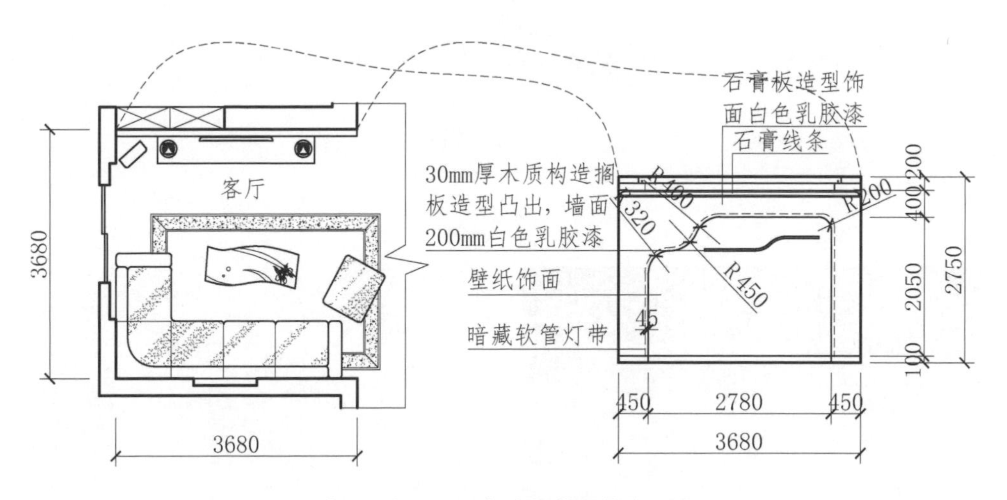

客厅局部平面图与电视背景墙立面图

（2）吊顶与灯光设计。吊顶设计是家装中较为繁琐的环节，一般人对天花板的印象，只是停留在传统平顶的造型基础上，殊不知天花板在家庭装修中占有极其重要的地位。另外，天花板装修还要起到遮掩梁柱和管线、隔热、隔声等作用。天花板的造型设计精彩多变，每一种都能创造出不同的装饰效果。

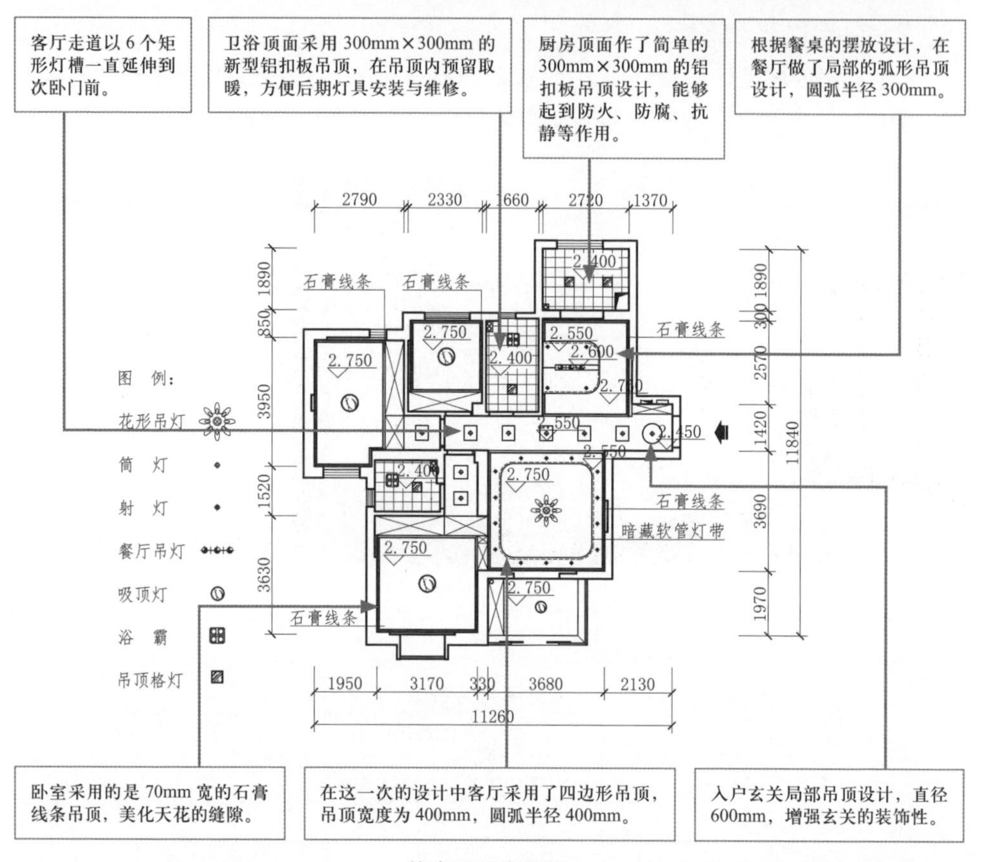

住宅顶面布置图

↑隐藏式发光灯带能够有效地弥补客厅吊灯照明不足，将整个客厅空间的氛围带动起来。

↑走道吊顶将客厅与餐厅在视觉上进行了分隔，也为走道提供了充足的照明，更具有延伸感。

↑卧室使用石膏板吊顶不会降低楼层的层高，不会让居住在其中的人感到压抑。

↑浴室采用防水防潮的铝扣板吊顶，因浴室长期存在水汽，石膏板、木质吊顶不适合用在浴室。

↑餐厅的灯光以筒灯、灯带、吊灯三种暖色灯源为主，营造一种进餐的情调。

↑低悬的吊灯与天花板上的镶嵌灯结合，在满足基础照明前提下对餐桌进行局部照明。

（3）家具设计。家具设计是室内设计的关键，多一厘米柜子放不进去，少一厘米墙面就会漏出间隙，都会影响家具的美观性，对于消费者来说，房子装修是一个追求完美的过程，有瑕疵的设计自然会引起消费者的不满，家具尺寸设计是考量设计师职业技能的重要方式。在7m^{2}的书房空间中，既要满足日常的阅读、学习需要，还需要具备偶尔接待客人入住的功能，需要设计师展现自己的设计能力。

↑橱柜抽屉与柜门结合设计，可以使厨房的收纳空间更加的多样化。

↑地柜与踢脚板的高度为 800mm，台面宽度为 550mm，吊柜下部距离地面 1650mm。

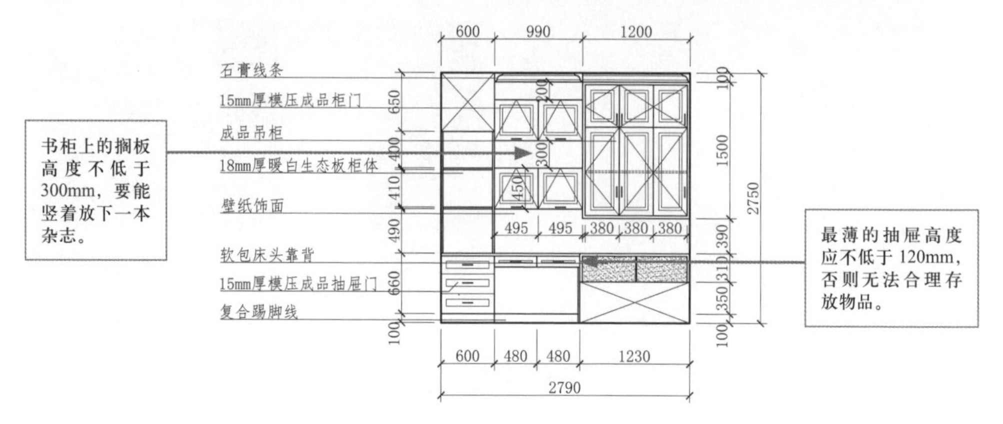

↑从书房的立面图来看，榻榻米床面高450mm，刚好符合人体坐下来的最佳尺寸，书桌高760mm，可以满足人在坐着时的活动空间。

（4）厨柜尺寸设计。一日三餐离不开厨房，厨房是每个家庭的装修必备设计，而橱柜是厨房设计的重点，一般的橱柜材质的使用寿命能达到8年，好一点的材质能达到20年左右。一般家庭装修后不会再做其他的改动，一旦尺寸设计不合理，问题将一直伴随下去，可见尺寸设计在橱柜设计中占据重要地位。

↑橱柜抽屉与柜门结合设计，可以使厨房的收纳空间更加的多样化。

↑地柜与踢脚板的高度为800mm，台面宽度为550mm，吊柜下部距离地面1650mm。

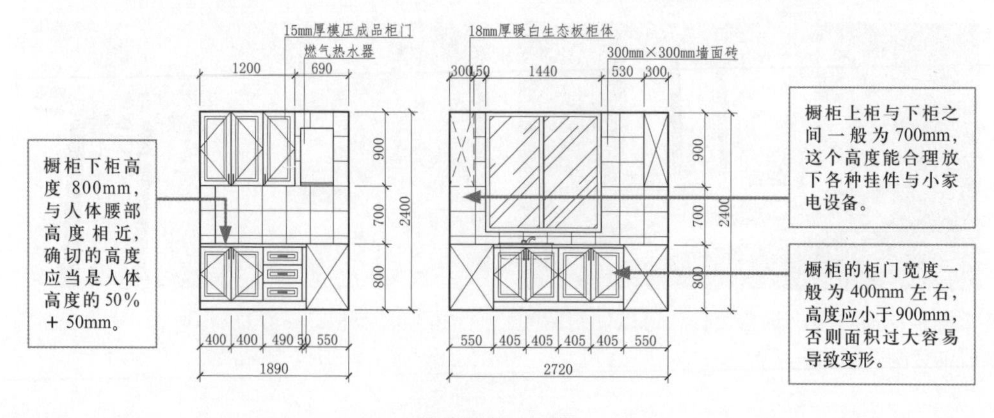

厨房橱柜立面图

8.2 下午茶的好去处

蜜糖松鼠咖啡厅是坐落于大学内的一座校园咖啡厅，是一个学生课后休闲娱乐的好去处。在学生一食堂二楼的蜜糖松鼠咖啡，装修风格出众，店内的餐点极有品质，甜点和咖啡都达到了专业水准。投资客户希望设计师能在有限的空间中布置更多的座椅供消费者使用。

1. 门头尺寸设计

窗户距离地面600mm，比门高260mm，透过窗户可以欣赏到窗外的校园风光。门头上方的遮阳篷设计以四个1800mm×400mm与一个2800mm×400mm组成，显得更加的整齐有序，整个外部空间的尺寸设计拿捏十分精准。

←咖啡厅在设计上十分注重尺寸之间的协调与色彩之间的平衡，门面设计、开门方向、窗户高度都是经过悉心的计算得来，整个室内的自然采光十分的舒适。

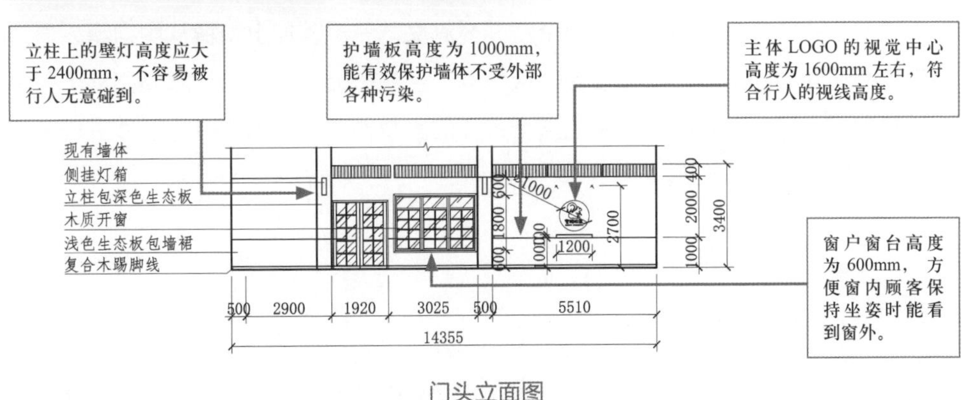

门头立面图

2. 咖啡厅平面布置

从咖啡厅的平面布置图来看，整个空间呈现出对称式的布局设计，两侧分别为操作间与烘焙区，中部空间是接待客人的区域，桌椅的摆放十分的对称，整个空间显得井井有条。

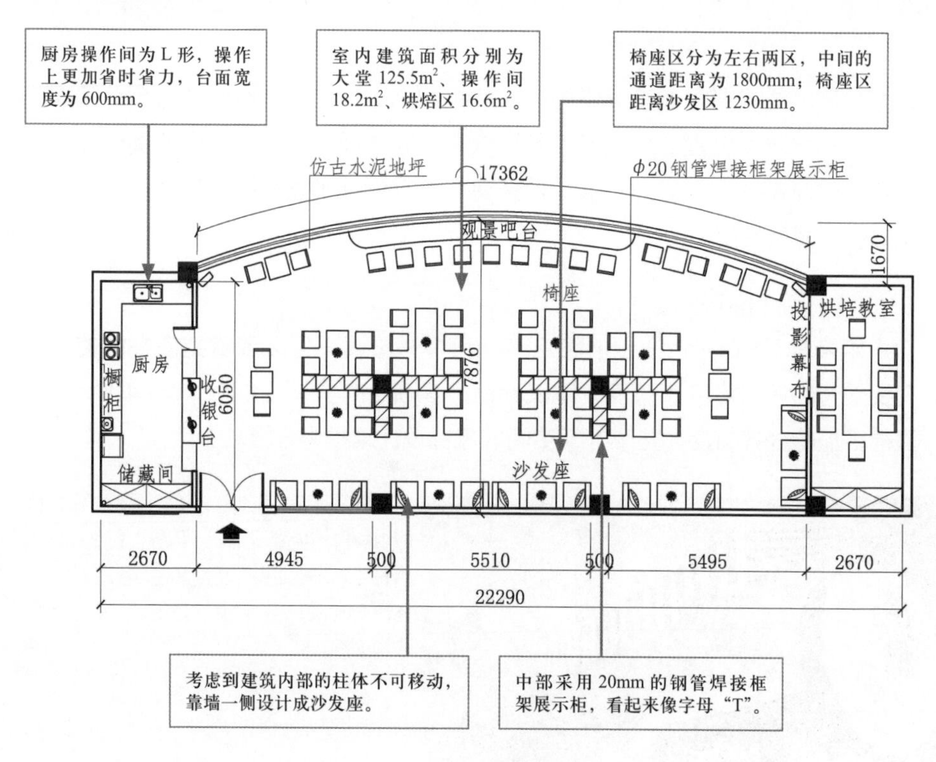

平面布置图

3. 家具尺寸设计

原木色的餐桌简洁清新，让整个空间充满文艺气息。加上绿植从中点缀，显示出室内空间的勃勃生机。家具设计的板材以米色生态板为主，简约时尚是整个空间设计的主题思想。考虑到柱体影响整个设计的美观性，将室内所有的柱体进行了软包装饰，与整体风格一致。

↑原木色的桌椅透露出清新自然的文化氛围，简约的线条设计让整个空间更具规模。

↑隔断展示柜使用 400mm×400mm 的木质拼接格子进行组合，朝着不同的方向错落摆放。

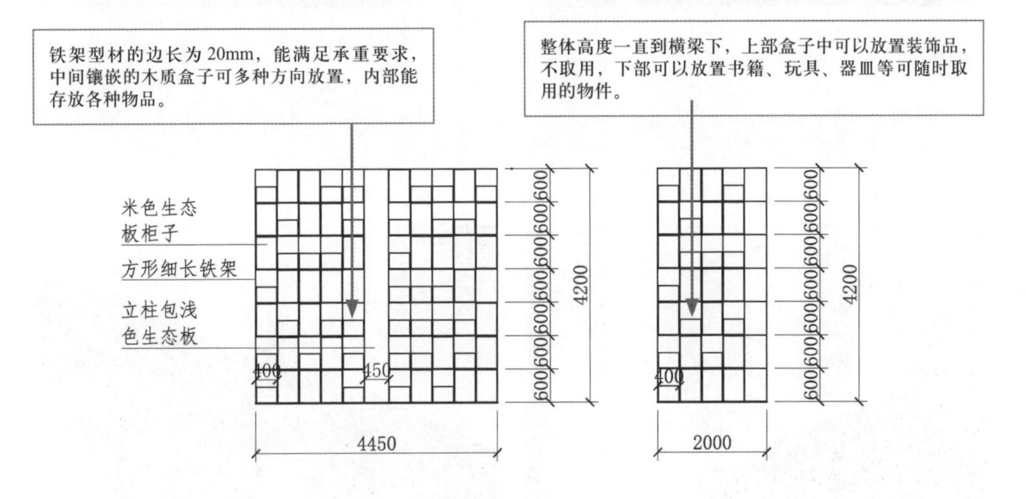

隔断展示柜立面图

隔断展示柜采用了不同规格的木质柜体进行组合，在统一中求变化的设计方法，形成了具有变化的形式美；包柱设计与展示柜形成一个整体，在色彩上与餐桌相呼应。

餐桌的设计形式共分为一人座、双人座、四人座与六人座，一人座可以满足一个人的午后畅想；双人座可以是两位友人在一起畅谈生活；四人座与六人座还可以是朋友之间的小型聚会。在这里，人们总能找到适合自己的位置。

窗边的小多肉和香草在下午的暖阳下嫩绿可爱，散发着来自大自然的气息，是这个校区里难得的文艺之所，观景吧台可以观看校园风光。悠闲的午后在这里点上一杯咖啡、一份精致的点心，看着校园里人来人往的学生们，所有的烦恼在此刻也都烟消云散。

↑一人座与双人座

↑四人座与六人座

↑靠窗观景吧台

↑吧台设计

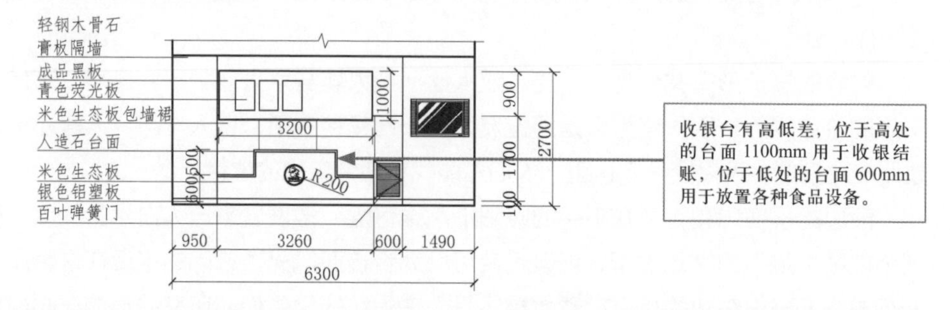

↑收银台作为消费者进店后第一眼就能看到的场景，更应该重视，尺寸设计就显得十分的重要，收银台太高不方便客人点餐取餐，太低就会让操作空间一览无余，适合的尺寸才是设计之道。

8.3 不再枯燥的办公环境

办公空间是人们在生活中的第二活动空间，每天至少有8个小时会在这个空间内进行工作，相对于家居空间，办公空间的舒适性与功能性决定了人们在其中工作的心情与效率。这次设计的办公空间位于科技园的一家现代化公司，根据这家公司的发展方向及业务往来关系，在设计中更加注重员工在工作环境中的人性化与功能性设计，营造良好的办公环境。

↑办公建筑外观 1

↑办公建筑外观 2

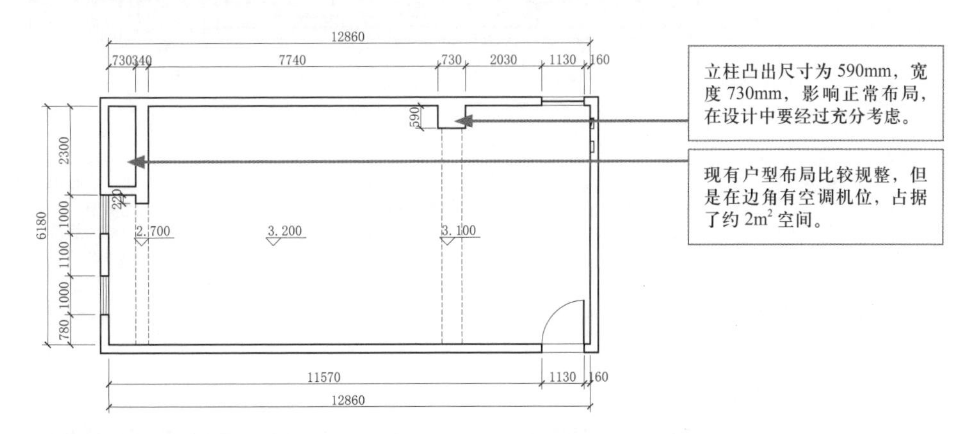

↑从原始平面图中看到整个空间十分的规整，拐角与异型处几乎是没有出现，这样空间能让设计师在脑海中更快地形成空间布局设计。整个空间的面积约 80m²，但是要满足包括总经理在内的 14 名员工一起办公，是对室内家具尺寸设计的考验。

1. 平面布置图

平面布置图是检验设计师的设计是否合理的重要依据，根据图中尺寸能够分析出人在这个空间中的立姿、坐姿是否舒畅，长期坐立后的手脚是否能够舒展，这些都能从平面图中得出结论。

办公室空间设计由接待区、会议室、经理办公室、财务室、员工办公区、贮藏室、茶水间等几个部分组成。办公室的设计应该突出现代、高效、简洁的特点，同时反映出办公空间的人文气质。在设计环节中，应该将设计注入更多的人性需求元素，采用现代人机学理念布局，保证人体充分活动的基础上，合理利用空间。

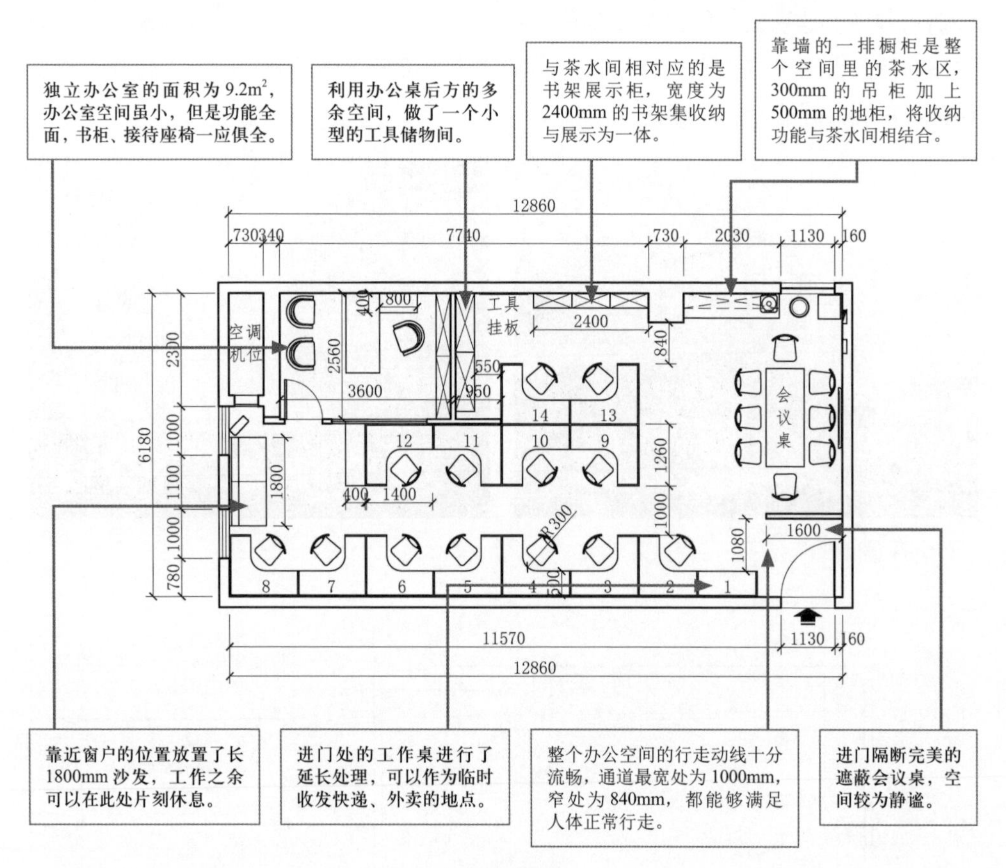

平面布置图

2. 焕然一新的办公区

空间设计最终都是需要经过实践的检验，设计完成后的办公环境让人眼前一亮。办公空间的玄关设计是客户对整个公司的第一印象。

接待区一般设计在走进门口的右边。这是由人们的习惯决定的，一般情况下，人走进一个房间都会习惯地往右走，所以接待区应设在右边。

↑玄关墙正中部位做了宽400mm、长1600mm的聚晶玻璃装饰，外框使用不锈钢方管包边，打造前卫空间。

↑背景墙背后的装饰画安装中心高度也为1400mm，与正面镶嵌玻璃高度一致，横条形防腐木材质与装饰画框形成呼应。

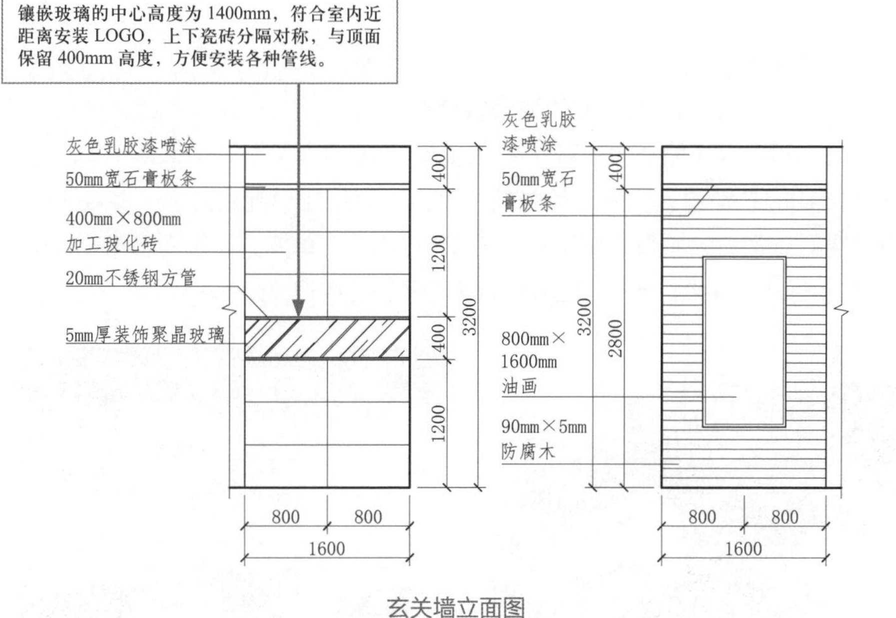

玄关墙立面图

对于长期从事室内工作的人群来说，眼睛长期对着电脑容易产生疲劳感，少量的绿色元素设计，能够有效地缓解工作给眼部带来的压力，原木系的生态板与暖色调的墙砖，以及灰色地砖，在色彩上层层过渡。

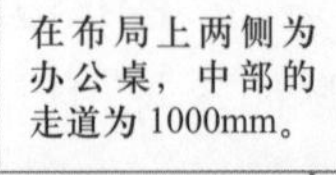
玻璃隔断的挡板距离桌面 450mm，距离地面 1200mm。

↑办公桌

↑办公区域布局

3. 总经理办公室

总经理办公室是不和副经理的办公室靠在一起的，而且以右为尊，所以总经理的办公室会设在公司的右边。另外一个原因是总经理与副经理的职能不同。总经理是一个公司的总负责人，是运筹帷幄的角色，而副经理则是处理公司内部的各项具体事务。普通办公室每人使用面积不应小于4m^2，单间办公室净面积不宜小于10m^2。如果空间不够大，要在旁边安置几个柜子。总经理办公室面积为9.2m^2。

↑办公桌功能齐全，具有很宽的书写、操作空间。

↑办公桌后做了一面 2400mm×2560mm 的书柜，丰富办公空间。

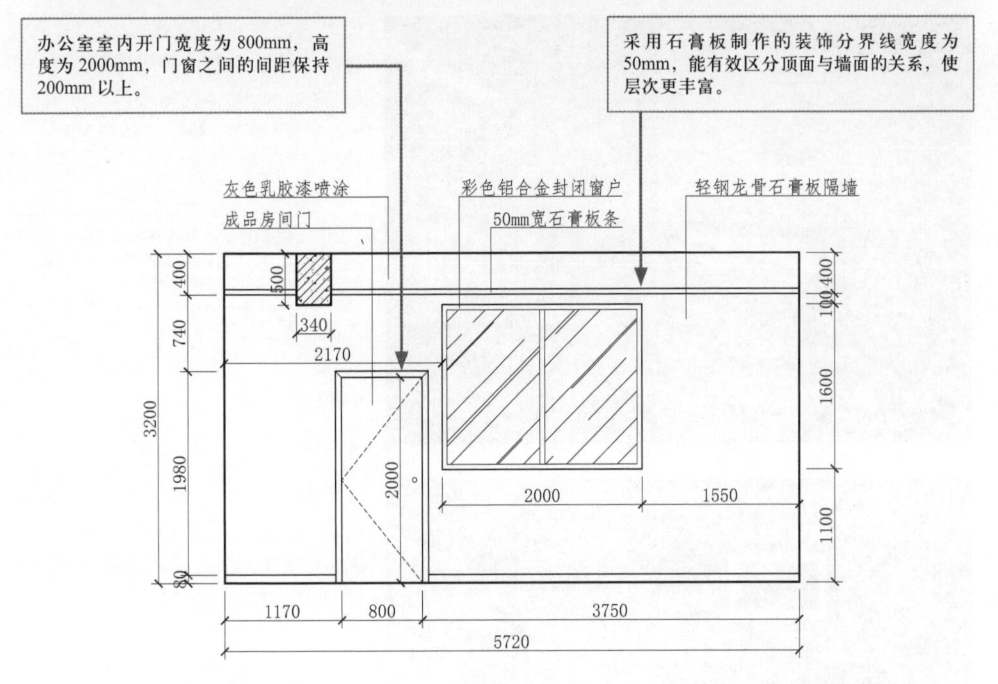

↑考虑到独立办公室采光有限，打造了 2000mm × 1600mm 的彩色铝合金全封闭窗户。员工办公桌的高度为 1200mm，经理室的窗户设计在离地面 1600mm，既能达到采光的效果，也能保证隐私。

8.4 书屋的风格设计

这是一家儿童阅读书店。整个外立面采用钢架结构设计，镶嵌上600mm × 400mm 的玻璃，即使是在下雨天，整个书屋也十分明亮。结合儿童书店与咖啡厅的设计，在富有童趣的装饰摆设下，营造出一个自由无拘束的阅读环境。

←书店门头采用 90mm × 5mm 防腐木设计，刷过保护层的防腐木在灯光的照射下，将整个门头照亮。

钢结构骨架的网格尺寸为 400mm × 600mm，既起到支撑构造的作用，又能起到围合阻挡的功能。

←书屋为孩子准备了小而隐蔽的地点及区域，在这里他们可以绘画、休息和玩耍，同时也可以阅读并享受一本好的书籍。

搁板之间的间隔尺寸为 400mm，能放置各种图书。

←对于成年人，则有私人的阅读室和共享的桌子，周围环绕温暖的材料、家具和装饰品，令人惬意愉悦。

六边形边长为 1000mm，这种支撑结构能满足承重。

1. 一层平面布置图

书店的一楼主要作为休息区与阅读区。在平面布局上将设计的重心“图书展示”运用周边式布局和中心布局的方式展现出来。

★签单小贴士

建立起绝对信赖感

家装设计师接单谈单的过程，实际上是一个“价值转换”的过程。或者说是一个“等价交换”的过程。设计师要做的工作就是如何把公司和自己的这种“价值”告诉家装客户，并设法让他接受。而且这种价值的交换是建立在平等和诚实的基础上。

家装客户决定和你签单，首先解决的问题是信任。是否信任包括两个方面：

1. 设计师所在的家装公司是否令人信任；品牌和知名度、公司特色是否适合客户的价值观念，报价高低和施工管理水平、店面接待人员的素质以及接待是否热情等。

2. 设计师如何能让客户信任？设计师的个人修养、专业知识和良好的服务态度和职业精神使他们信任，客户感觉到设计师是在帮助他们，而不是只想赚钱。

靠近门厅处的一处空地做成了沙发，搭配圆桌的设计，可以慵懒地窝在沙发里阅读自己喜爱的书籍。

靠墙的展示柜集书籍展示与创意造型为一体，突出整个空间的展示性能。

书店中间是并列的书架，展示着当季的畅销书，进门第一眼就能察觉到时尚元素。

4940　840　2850　4990　2920　2600　7660　10260　250　2100　250　300　4430　4200　8630

书架　一层大厅　上

书店的一楼空间并不是传统空间造型，凹进去的门厅形成了梯形空间，在视觉上更容易创造出富有变化的空间布局。

中部采用了圆桌与座椅的配套设计，适合一家三口围坐在一起看书。

一楼设计的亮点在于趣味阅读区的设计，六边形的树洞设计，给阅读者一定的私密性与趣味性，小号的星星灯保证足够的亮度。

一层平面布置图

2. 二层平面布置图

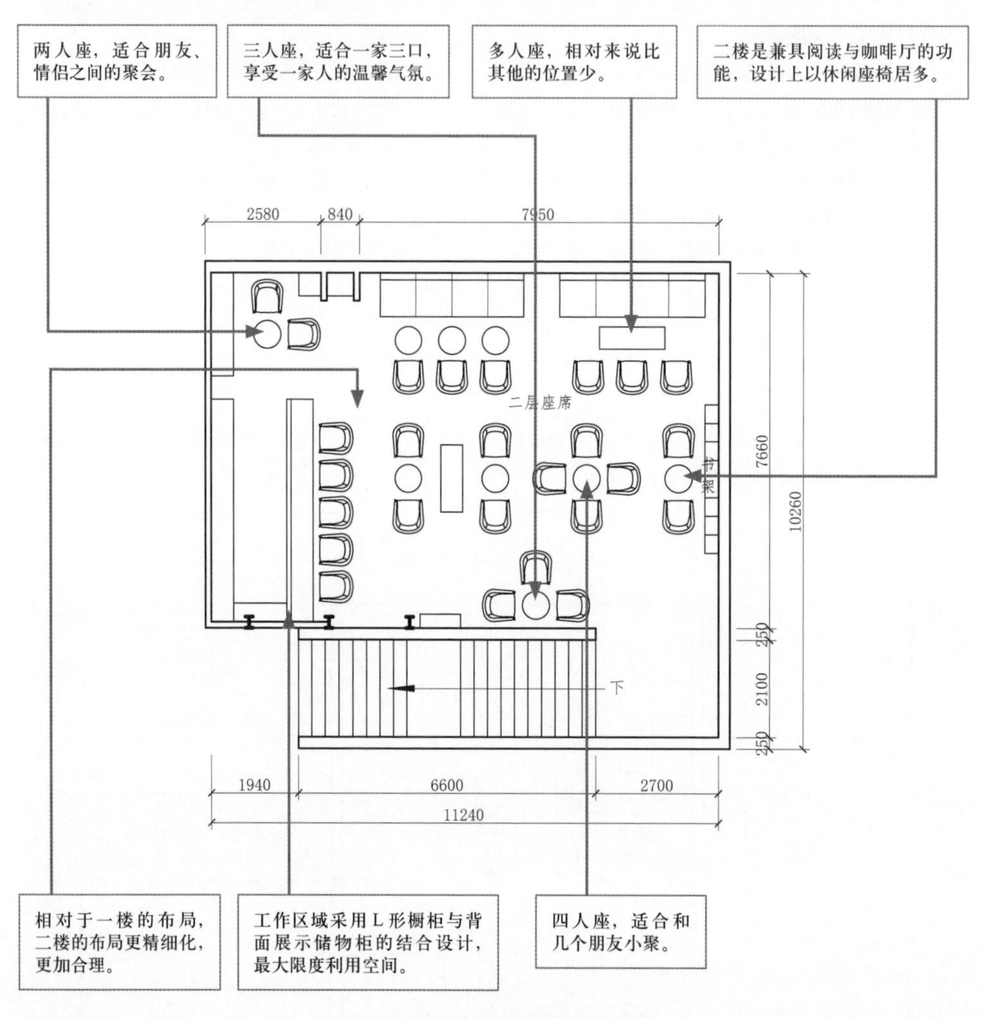

二层平面布置图

书店同时向人们提供最好的咖啡，沙发与座椅的结合设计，让客人的选择性更多，既可以端正地坐在此处看书，也可以很随意的窝在沙发上阅读。

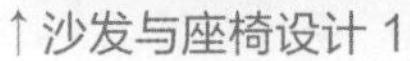

↑沙发与座椅设计 1

↑沙发与座椅设计 2

二层的操作区完美的将咖啡厅与书店结合在一起。浓郁的咖啡香味与书卷的味道产生碰撞。大人们则可以在私人阅读室，或者在公共阅读桌旁看看书。书店咖啡馆里的一切都是采用柔软的材质做成的，家具和那些饰物好像都在向人们证明："一本好书能够给人带来无比的愉悦"。

↑操作区在墙面设置高低不同的层板，用来展示店内的咖啡品种。用不同大小、颜色的吊灯来装饰整个空间。

↑开放式格子架展示书籍能够有效地利用墙面空间。

↑靠近外侧低矮的书架，即使是儿童也能轻松地拿到自己想要看的书籍。

↑充满趣味性的儿童座椅，引发儿童前来阅读的好奇心，让儿童爱上阅读。

↑书架与坐席区紧密相连，方便取书、还书。

↑墙面上挂置科学名人画，营造出浓郁的阅读氛围。

★签单小贴士

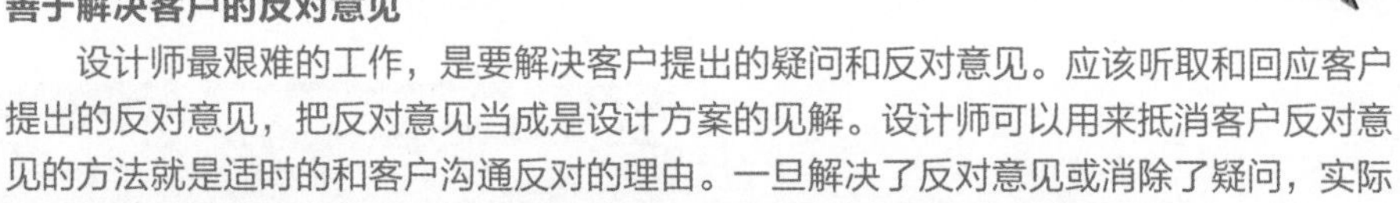

善于解决客户的反对意见

设计师最艰难的工作，是要解决客户提出的疑问和反对意见。应该听取和回应客户提出的反对意见，把反对意见当成是设计方案的见解。设计师可以用来抵消客户反对意见的方法就是适时的和客户沟通反对的理由。一旦解决了反对意见或消除了疑问，实际上也消除了签单的障碍。但是，客户不满意的次数越多，签单的希望越渺茫。

第9章

谈单签单实战体验

识读难度： ★★☆☆☆

核心概念： 谈判、锁定、深入、签单

本章导读： 看得再多不如自己亲自上阵，学会谈单签单都需要经历一定的时间。而作为一名签单高手，需要通过不断地摸索、学习，积累大量的实战经验，方能成功地抓住每一个客户给出的签单信号，在装修行业风生水起。

9.1 初入职场的第一单

今年暑假，大学刚毕业的小黄入职了本地一家刚上市不久的装饰公司，正式进入装修行业。早会培训结束后，小黄来到了自己的座位。在电脑上建立了三个文件夹，一个是《客户》，一个是《室内户型》，还有一个是《签单分析》。做完了这些工作以后，经理过来了。“小黄，你准备一下，带些公司资料，今天有个小区交房，你们一起去现场做一下宣传。”小黄明白了经理的良苦用心，客户不是等来的，而是自己去找来的。

他马上收拾了自己的全套资料，和同事小黄一起去了小区。还没到小区门口就看到很多的彩旗、太阳伞，物业公司门前停了很多的车辆，各个公司的设计师正忙着拦客户发资料，还有很多家电销售商摆上家电，地板公司摆上地板展架，木地板、瓷砖……但客户们都没有心思去看各种展品，他们一个个跟着保安，去现场验房。

小黄看见很多设计师跟在一对中年夫妇后面，走进了一栋楼。保安开了门，大家都涌进屋子。保安领着客户在现场验房，查看墙壁、屋顶有无裂缝，自来水、暖气、窗户……小黄看见别人都进去了，他在楼梯口停下来，找出自己整理的《室内户型集锦》，翻到××小区，找到了该客户家的户型图和户型解读。

在了解基本情况后，看到其他公司设计师正在量房时，小黄决定上前试一试，第一个设计师往往是业主记忆最深刻的。

“您好，打扰您了！”小黄首先给业主鞠了一躬，然后递上早已翻开的户型图，“这是您家的户型，我们已经对您家的户型做了装修分析，您看一下。”男客户接过户型图。

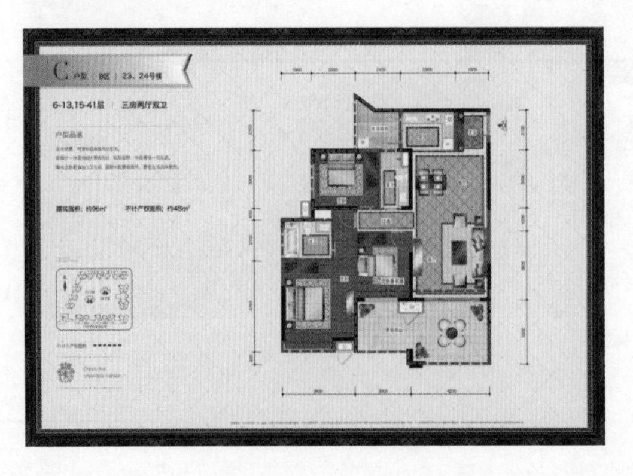

←设计师在去刚交房的楼盘与客户进行交流前，可以通过其他途径先将整个小区的房型装订成册，制作成精美的文案，当其他设计师还在量房时，可以直接跟业主开始谈论装修的细节。记住，如果自己占据了主导地位，其他设计师肯定都要靠边站。

女客户："我最近经常看到你们的广告，你们公司是新开的吧？"

小黄："是的，总公司在今年6月份考察了本市，7月份投资开了第一家分公司，不过仅仅两个多月，我们已经成为本市最好的家装公司之一。您看，这是我们七八月份签单的客户名录，这是7月份，一共签单33户，这是8月份，一共签单41户，还有九月份，到现在为止一共签单29户，我们来才两个多月，已经服务了100多位客户。同时，我们还推出主材套餐，仅仅两个月，就已经销售出200多套主材，这是我们公司推出的主材套餐说明，套餐的性价比是非常高的。您看，这是针对本小区的套餐。"

女客户："不错，我在广告上就看到你们的主材套餐了，你们总公司是哪儿的？"

小黄："我们总公司在北京，成立三年来，现在已经成功在5个城市开了十多家分店，上海分店现在正在筹备中，年营业额达到四五千万元，深得客户的好评。来，大哥大嫂，你们再看，这是我们公司8月份的签单作品，这是9月份的签单作品，每个月，我们都会将所有签单的作品装订成册，以便客户参观欣赏，像这样的设计展示，在公司内还有近50m^{2}的设计展厅，展示了近两千幅近年来的各种风格装饰作品，应该说，在本市我们公司是经营最有特色、管理最完善的家装公司。"客户夫妇接过设计作品集，两人仔细看起来。

就在这时，小黄看到有个设计师量房就快完成了，心想，他们量完房子，肯定要与客户沟通，如果给了他们这个机会，对我而言就不太有利了，我不能阻止客户与他们沟通，唯一的办法就是我先与客户讨论具体的装修事宜，不给其他任何设计师以机会。

小黄："来，嫂子、大哥，房子户型我们已经提前量了，我们来谈一谈咱们房子的具体装修方案。我先结合自己的装修经验，谈一谈像您这样的房子，一般都是怎么装修的，好吗？"（要想引出客户真实的想法，就必须自己先主动出击，抛砖引玉，只有自己占据主动地位，签单才有可能）

男客户："好啊，你看我们这房子应该怎么装修？"

小黄："好的，我叫小黄，这是我的名片，还不知道大哥您和嫂子贵姓？"

男客户："免贵姓王，你嫂子姓张。"

★签单小贴士

称呼

称呼是谈单促进感情的枢纽，一般不叫"先生、小姐"等称呼，显得不那么亲切，先以哥、嫂、姐来称呼，让客户觉得你没有冷落他们任何一方。知道客户的姓氏后立马改变称呼，例如王哥、张姐，在回答客户问题前，先问称谓，让客户感到尊重。

“好，王哥张姐，我们在做设计的时候，主要考虑三个方面的问题：一是我们家庭居住各项功能的满足和实现；二是针对我们每个家庭的户型空间特征，将这些功能最完美地设计完成，并使空间更合理更美观；第三个我们考虑的问题是工程造价，即如何用最经济的投入，来实现家庭装修的需求。您看，这是我们的《装修设计指标书》。”小黄拿出两份《装饰家装设计指标书》，一份递给王哥，另一份自己拿在手中，同时，又递给客户一支铅笔。

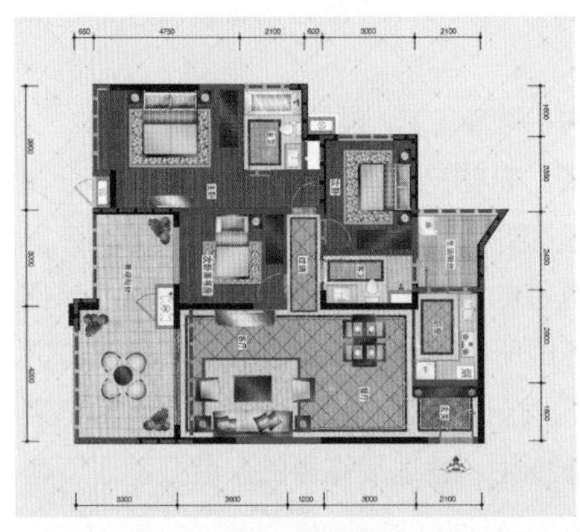

↑根据原有的房屋格局，将房子的使用功能做到最大化，尽量避免浪费空间。

↑注意空间的美观与合理性，既要符合业主的审美情趣，又要讲究空间的合理布局。

小黄：“王哥、张姐，为了更完美地沟通家装设计问题，避免有一些问题遗漏，我们做了这份《设计指标书》，我们只要根据设计指标，一项一项地去讨论，就不会出现任何问题。我们公司力求让家装做到最完美，不像一些中小公司，在设计时很粗放，很多问题都是等到装修时才发现，那就晚了。”

这时，其他公司的设计师都已经量完房子了，但大家一看小黄正在与客户进行沟通，都不好意思过去打断，只好跟在他们的后面，希望等小黄沟通完了，再去与客户进行沟通。小黄正是要达到这种效果，就是尽量不给其他人以接触客户的机会，所以，他领着客户，一项一项地去讨论。这个过程对其他公司的设计师来说，是一个漫长的煎熬过程。但竞争正是如此，给别人机会就等于不给自己机会！

小黄：“王哥，我们先看空间这一项。我们把家庭空间分成两大部分，一部分是公共空间，另一部分是私密空间。像玄关、过道、客厅、餐厅、厨房、卫生间、阳台等都属于公共空间，就是咱们一家人都经常使用的公共部分。我们把卧室、书房称为私密空间，就是只属于某一个人。公共空间讲究开放性，私密空间讲究隐私性。所以在设计时，我们应当将公共空间设计得风格统一，而私密空间则可以根据个人的喜好，设计成自己喜欢的风格。”

客户连连点头：“不错，是这么个理儿。”

小黄：“整体的装修风格，你们比较喜欢哪一种？”

★签单小贴士

询问风格

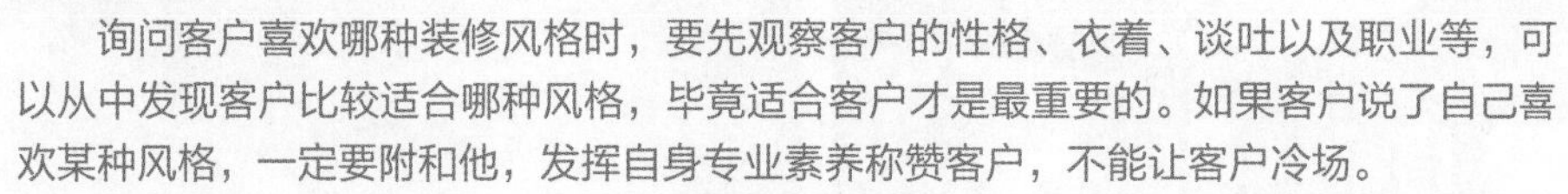

询问客户喜欢哪种装修风格时，要先观察客户的性格、衣着、谈吐以及职业等，可以从中发现客户比较适合哪种风格，毕竟适合客户才是最重要的。如果客户说了自己喜欢某种风格，一定要附和他，发挥自身专业素养称赞客户，不能让客户冷场。

女客户：“都有哪些风格？”

小黄：“来，你们看，用红木色或黑胡桃色作为饰面木材，以白色墙面，就可营造出现代中式风格，比较简约。以其他饰面材料，配以比较鲜明的色彩，就构成现代风格，目前市场上比较流行的，就是这两种。”

小黄：“当然了，还有欧式风格、田园风格等，都是热门风格，主要看你和哥喜欢哪种。”

女客户："我们还是比较喜欢现代中式风格的。"

小黄："对，我个人也比较喜欢这种风格，既保留了中国传统的元素，又加入了现代时尚元素，典雅而又不乏时尚性。"

男客户："这样吧，小黄，我们先上你公司去看看吧，看看你们公司都推出了哪些套餐。"

小黄："好哇，哥，正好去我们公司考察一下，装修是大事，这可马虎不得。"（正中小黄的下怀）

男客户："好，那我去取车，你们在这里等我一下。"

小黄："谢谢哥！注意安全哦。"

回到公司，小黄领着客户参观了公司。客户对公司规模等各方面都感到很满意。是时候跟客户讨论下定金的事情了，小黄拿出一份《装饰设计定单》。

小黄："来，王哥，这是我们公司的设计定单，您和张姐看一下，您刚刚对我们公司也有了大概的了解，如果您和张姐觉得满意的话，我就可以着手为您单独做设计方案了，毕竟早装早入住嘛。"

客户看了一下设计定单，夫妇俩商量了一会，对设计定金这一项比较犹豫。（交定金时客户都会有所犹豫，这时候要趁热打铁）

小黄看在眼里，心想如果不让他们交上定金，未来有某种变化还不得而知，必须下大力气让他们先交上设计定金，如果客户不交定金，其他公司的设计师就还有机会，自己该谈的都谈了，下次再谈就该失去主导地位了。

★签单小贴士

交定金是谈单的关键，客户只要交了定金，你与客户签单就八九不离十了，一般装修公司有定金膨胀的营销模式，交定金抵装修金等营销噱头，客户自然是想花更少的钱享受原价的待遇，毕竟客户都想在装修上省钱。

小黄："张姐，我先向你们介绍一下我们公司的服务流程：我们是提前量房，现在我们已经将今年所有可能交房甚至还没竣工的小区户型都量完了，所以我们有《室内户型集锦》。量房以后，我们就集中公司所有设计师，对每种户型进行重点分析和解读。每一个来访的客户，对我们公司各方面比较了解后，交纳一部分定金，我们就开始一对一服务，下一步根据您和王哥的需求做设计和预算，这个设计定金是作为工程款的一部分，在您与我们签订施工合同时，交纳第一批工程款，所以您根本不用担心这个款项是单独计费。一般我们做设计和预算的时间为三天，这样，您后天就可以过来看我们的设计方案，我们再进行深度的探讨，对其中某些您还不太满意的地方，我们好及时做出调整。"

女客户："需要交多少设计定金呢？"

小黄："不多，只要3000元。"

女客户："那我们今天没带这么多钱，上午刚在物业交了1万多，要不这样，我和你哥今天先回去，看你也蛮机灵的，明天上午我们再过来交定金，小黄，你看这样可以吗？"

记住，客户跟你说没带钱，一定不要追着客户说我们可以刷卡什么的，你这样会吓跑客户的，毕竟第一次见面，客户心里有所犹豫是正常的，给予客户思考的空间比对客户死缠烂打要好得多，人品也是谈单签单的关键。

小黄："那也行。王哥、张姐，是这样，因为我们公司现在正好有定金翻倍的活动，名额有限，确实现在的活动力度真的蛮大的，其他家公司都没有这个活动，如果您对我们公司还有什么顾虑的话，欢迎您随时给我打电话咨询。我建议您可以先上其他公司去看一看，做一个比较。现在的家装公司非常多，您一定要看准了再下手。我们比较家装公司，既要看它的综合方面，还要看公司的管理模式和经营能力，因为家装是一个在现场施工的过程，如果公司没有良好的工程管理能力，那么再好的承诺，都是无法兑现的，所以施工管理、设计人员素养、工程管理都是很重要的。或者进一步说，在装修过程中出现了问题，耽误工期不说，还影响施工质量。"

小黄："另一方面，公司能否持续地经营下去，也是一个您要考虑的重要因素。不能只看设计师跟您承诺保修两年或保修三年，您要看它这个公司能不能持续经营两年或三年以后，它的持续经营有什么保证，也就是公司有什么比较有效的竞争策略。有实力能够经营下去的公司，售后服务才有保障。"

↑家具安装都是非常专业的师傅，都是进过培训上岗的。

↑在工程管理上，做好装修后都是可以直接拎包入住，非常的有保障。

小黄："张姐，这是我们公司的《设计师服务承诺书》工程管理和质量管理手册，您回去看一看，然后也可以到我们的工地去实地考察一下，看一看我们是不是按照工程管理手册来管理工程的。当您觉得我们真的是您最好的装修选择时，您和我哥再来下订，您看这样好不好？"

女客户："好吧，谢谢小黄。"

小黄："不客气的，姐。"

小黄将客户送到公司门外，直到客户上了车，小黄还站在原地向他们挥手。

当他们走后，小黄分析王哥、张姐是第一回装修房子，自然会多看几家公司进行比较。所以他不能着急，现在他们没了解别家，只了解自己公司，所以，他们不放心，那就应该给他们到外面去了解的机会。但是，他们去了解别人的时候，就会无形中把别人与自己公司比，可以说他们的选择起点就提高了很多。同时，他们会将设计师和自己来进行横向对比，从公司的角度来说，他们也会将各个公司都拿来与自己公司比，包括公司规模、公司内的展示、公司文化等。自己先不急给他们打电话，等一两天，相信他们就会考察完几家公司了，他们就会主动过来，果然，到第三天，张姐打来电话说把装修事宜交给小黄。

正是小黄前期准备工作充足，例如，对室内户型的研究等，然后抓住时机主动出击，寻找潜在客户，并针对客户提出的问题随机应变，适时带领客户去公司谈单，加上后期持续的客户跟踪，最后促成签单。

9.2 坚持不懈感动业主

李女士拿到新房后一直为房子该怎么装修苦恼，尤其是儿童房，平时生活中很讲究的李女士对装修更是挑剔，她希望自己家的儿童房除了装修品质要强之外，设计更要求独特。

负责接待李女士的是设计师小金。一来到公司，李女士就直接跟小金说，她家的儿童房一定要与众不同。自己已经走访了近十家装饰公司，都很失望，还说不少公司要么根本无设计可言，要么直接拿网上的设计敷衍自己，根本不是自己想要的“量身定制”。小金听后心想，李女士这类客户个性外向，常常具有极强的领导性，脾气比较急，可能心里对这次装修已经有了她自己的想法，那么自己要在这次交谈中从细节下手，不然她还会再去下一家公司，考虑到李女士一直在说的儿童房，小金发起了话题。

小金：“李女士，冒昧问一下，您孩子今年多大了？”

李女士：“今年9岁了，正是调皮的时候。”

小金看了看李女士家的户型图，说：“李女士，我的想法是这样，次卧跟主卧就只差一到两个平方米，主卧光线充足，清晨就能见到阳光，可以让孩子早一点醒来，早上是记忆的好时间段，而沐浴阳光会让孩子更开朗；傍晚光线也不错，对保护孩子视力也大有好处。次卧的光线视距会相对的差点。而且距离厨房较远，也能避免在做饭时产生的声音影响孩子学习，对孩子成长和学习都会有好处。”

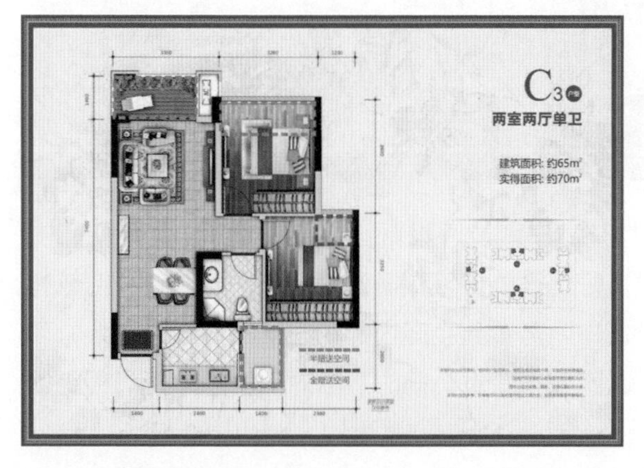

←从布局上看，主卧在各方面都要高于次卧，且次卧的使用面积也足够夫妻二人生活。先从客户的主要需求出发，买学区房的家长对于孩子的任何合理的要求都会满足。

“嗯，这个想法不错！”李女士说，“我在其他几家装修公司，他们都是在次卧上面做功夫，你这样设计确实有利于孩子学习和生活，我们做大人的就是希望孩子能住得开心，买这套学区房也是为了他，我们做大人的苦点累点都没事，不能苦了孩子。”

小金：“好的，那么我们就从每个房间的功能需求出发，这个房间给孩子住，所以这个房间既是他睡觉的地方，也是他学习的地方，还可能是他自己放松的地方，还可以是他接待好朋友的地方。所以呢，它要满足孩子居住、休息、学习、交友等多项功能。”

小金：“李女士，您孩子是男孩是女孩？”

李女士：“是女孩。”

小金：“她的性格一定很开朗活泼吧！”

李女士：“是的是的，女儿性格随我。”

小金：“看您就知道您女儿不会差，这个房间我建议这样设计，天花一圈用简易石膏叠级线条，墙面饰以暖色为主，整个房间就很温馨舒适。由于孩子即将进入初中，学习比较紧张，所以墙面上可以装饰一些比较轻松的油画或漫画。其次，女孩子渐渐长大，她的私密性需求就越来越大，因此，我们应该给她设计一个自己的专用衣物柜，我们可以将衣柜与学习桌组合起来，我们公司内就有这样几套很好的学习衣物组合套柜，很漂亮，一会儿我可以带您去参观。那套组合柜还适合孩子接待好朋友，因为它有一排矮柜，可以当学习桌，也可以和好朋友一起玩。”

小金：“由于书桌靠近阳台，打开窗户就能呼吸新鲜空气，窗户与卧室门和书桌几近呈一条直线，通风透气效果良好，既能保证孩子健康成长，同时新鲜空气有利于清脑提神，集中注意力。推开窗户就可看到小区内的花园景致，学习之余，可以凭窗观看景色，既能陶冶性情，又不致很寂寞。同时，与对面楼的单元门相距很远，还能有效防止噪声干扰。”

李女士："对对对，你的方案还真挺为孩子着想，一会儿你带我看看那套组合柜。"

小金："好的，除此之外，您女儿平时还有什么兴趣爱好吗？"

李女士："嗯，我之前带她去过乡下体验生活，回来后她一直对那些小花小草念念不忘，你看你在设计中能满足在家里就能种植的需求吗？"

小金："好的，这样的话，我建议把我们的阳台打造成花园阳台，选择一些孩子喜欢的花卉植物，让她自己动手去管理养植花草，既锻炼她的动手能力，又让她体力与脑力劳动相互结合，在紧张的学习之余放松一下心情。

李女士："嗯，你的这个想法很不错，那你帮我看看其他地方应该怎么装修呢？"

★签单小贴士

把控好关键字眼

客户每一句话说出来的关键字眼一定要把握好，在大脑中迅速地组织好语言与设计思路，不断地挖掘客户的内心想法，只要设计方案客户挑不出毛病，客户自然会一直交谈下去。

小金感觉到李女士有签单的意向，于是他趁热打铁地说："好的，我们首先从玄关看起吧，玄关是家庭中的重要位置。它是我们进入居室的第一位置，也是我们走出家门的最后位置，从功能学上讲，它要求有非常好的储物性能，既要放置家庭常用拖鞋，我们进屋时如果有大量的物品，还需要在此暂时放置，或我们拎着东西出门时，也要将东西暂时放置。同时，玄关又是进家的第一步，它的装修要求能体现出家庭的整体效果，不能太拥挤，不能一进家门就让人感到很压抑。所以，这块处理需要很大的艺术，既要满足我们储物放物的功能需求，还要求宽松和美观。

但我们装修时，往往受到客观环境的限制，即房屋本身的限制。有的户型将玄关设计得很小，有的户型几乎没有玄关，这样要满足储物的功能就比较困难。但看您家的户型，应该说是比较完美的，玄关的位置足够大，从墙面到门框有600mm，宽度也有1400mm。

李女士："嗯，我想在这个地方做一个衣鞋一体柜，我们家的储物空间较少，而我又比较喜欢购物，家里一定要有足够的储物空间。"

小金："可以，一会儿我给您出一套具体的方案。不过，您家的玄关有几个地方需要通过设计来调整，首先是厨房的开门位置，将餐厅与厨房之间的墙拆除后做酒柜加移门设计，可以缩短您餐厅与厨房往返的时间，而且空间更大，您在做饭的时候能随时回头观察客厅、餐厅的一切情况。其次，进门开关离门口太远，我们需要将原有的开关移动位置，这样您回家开灯更顺手一些，不用摸黑找开关了。最后，过道上面的过梁太明显，因此建议在玄关部位的天花上吊下一块平顶，以降低过梁的深度，形成从玄关到过道到客厅层层加高的感觉。还有一种设计方案，我们可以直接将鞋柜做到顶，下半部分以抽屉、鞋柜为主，方便您平时分开收纳，上半部分主要做长期储物使用，将平时不常使用的物品放在上面。这样您想要的储物空间更大，进门处给您做了一个换鞋凳的设计，柜子里面可以放您平时需要穿的鞋子，拿放也非常方便。"

李女士："不错，你的这个设计我觉得很不错，改变厨房开门的方向后，我以后做饭确实会方便许多，储物的问题也给我解决了。我想听听你对于客厅部分的设计，我老公平时喜欢看看报纸、新闻什么的，所以我们家的客厅基本上是他的空间，我平时喜欢练瑜伽，你能不能在客厅帮我设置这样的一个区域，让我们彼此能看得到对方，但是又能做自己的事情。"

小金："好的，我的设计是这样的，根据家里的空间布局，在餐厅、客厅还有过道靠近沙发的这个区域，我们可以选择做一套L形沙发。"

李女士："是、是，很好很好。"

小金看到李女士对自己的设计还算满意，立马拿出早已准备好的公司的装修细节合同。

小金："这是我们公司的装修合同，细节都是我刚刚给您讲过的，对了，您家在几栋几单元呢？来，请写这里就可以了，您再看下细节，没问题的话在最后一页签上名字就可以了。"

李女士果然爽快地就答应了。

小金："祝我们合作愉快。"

小金在与李女士谈单时，对李女士这类客户进行了恰到好处的分析，通过深度沟通后了解客户的需求和兴趣爱好、生活习惯等，并给出多个角度的装修细节。李女士自然也会感觉找到了"知己"，当即定下新房的装修事宜。

9.3 快捷酒店我设计

今天公司来了一位顾客，接待他的是设计师小李。小李很快接待了顾客赵先生，得知赵先生是一家快捷酒店的合伙人，酒店地处较繁华的商业街附近，共3层，60间房，打算花费90万元左右来装修。

了解了基本情况后，小李："赵先生，快捷酒店装修不同于一般的酒店装修，从快捷酒店这个名字中可以看出，它的装修设计需要把服务功能集中在住宿条件上，力求在该核心服务上精益求精，所以在经济方面的问题需要得到很好的控制。但又不能以廉价酒店的标准来做。"因此，酒店装修定位是经济型酒店，多为旅游出差者预备，其价格低廉、服务方便快捷、功能简化。特点是管理水平较高、管理成本低，有效地降低了管理的投入。但是在酒店房价上，快捷酒店的房价高于一般单体酒店，具有更高的盈利水平。总体节奏较快，可以实现住宿者和商家之间的互利。近几年一些连锁品牌快捷酒店的快速拓展也说明这一点。

听了小李的意见，赵先生说他和合伙人事先想好了，是把快捷酒店装修成商务型酒店或者带有个性化的公寓式酒店，他们觉得90万元预算成本已经足够了。

小李连忙解释说："商务型酒店主要以接待从事商务活动的客人为主，是为商务活动服务的。这类客人对酒店的地理位置要求较高，要求酒店靠近城区或商业中心区。商务型酒店的商务设施要齐备，如传真、复印、语音信箱视听设备等。您的酒店地理位置相对来说还算不错，但是距离商业中心区还是有一定距离的，因此在客源上我不建议您装修成商务型酒店，再者这类酒店装修费用也较高，您需要购买的商务设施的费用就会增加。至于公寓式的个性化酒店，配套设施不仅要有独立的卧室、客厅、卫浴间、衣帽间等，还得设置烹饪厨房，它既有公寓的私密性和居住氛围，又有高档酒店的良好环境和专业服务，针对的是某些特殊的消费群体，按照目前的人群，这个也不太适合您酒店的定位。

赵先生一听，觉得小李说得有道理，"那你觉得如果装修成经济型酒店应该如何设计呢？"

小李："我看您酒店的户型图，房型基本适中，作为经济型酒店来说，酒店布局方面不需要做大的改动，我觉得设计要以实用为主，主要把钱用在水电装修和购置房间配套设施和软装设计上，快捷酒店是为了方便、经济，为了节省成本，装修应该以实用为主。"

←商务酒店的价格要高于同类型的酒店。一般商务旅客对价格的敏感度不大，但在住宿、通信、宴请、交通方面较为讲究，注重酒店的环境和氛围。

←公寓式酒店在配备上，提供一般酒店没有的诸如厨具、微波炉、影碟机等设备。此外，提供入住与退房登记、家居清洁、送餐、衣服洗熨、叫醒服务等。

↑合理地应用软装搭配，可以给人更舒适的感觉，快捷酒店在格局划分上较为类似，最吸引眼球的还是整体的软装与搭配。

↑大量运用色彩也能让人产生耳目一新的感觉，摒弃传统的墙面一片白，让整个房间充满活力，富有生机。

赵先生一脸怀疑的态度，说："嗯，少量设计的话会不会影响整体装修效果呢，这样我的酒店与其他酒店就没有竞争优势了。"

小李："这个您放心，因为您的60个房间都是带洗浴的标准间，而且基本的装修已经有了，户型方面不需要有什么大的改动，以标准间的方式装修的话，良好的配套设施和精致的软装同样可以达到精美的设计效果，既经济又实惠，同时，可以设置少量的套间，适应不同人群的需要。购买宾馆设施，比如说床、饮水机、电视、热水器、电脑、桌椅、厕所卫浴及五金等，每间房大致需要八千元左右。"

小李："其次是客户的体验，衣柜的门不要发出开启或滑动的噪声，轨道要用铝质或钢质的。因为噪声往往来自合页或滑轨的变形；客房的地毯要耐用防污甚至防火，尽可能不要用浅色或纯色的，现今，有很多的客房地面是复合木地板，既实用又卫生，而且温馨舒适，是值得推广的材料；客房家具的角最好都是钝角或圆角的，这样不会给年龄小、个子不高的客人带来伤害；床离卫生间的门起码不得小于2000mm，因为服务员需要一定的操作空间。”

赵先生觉得小李说得在理："那安装空调设备呢？"

小李："根据您预估花费的装修费用，四层楼我不建议您安装中央空调，购买中央空调及其管道铺设需近50万元，这样支出就大大增加了，建议您购买挂式的，60间房二十几万就搞定了。然后就是最好设立一间配电房，可以控制整个宾馆的用电，就算在用电高峰期，也能保障每个房间电压稳定。"

小李："这是我们公司前段时间做的酒店设计，客户的要求跟您的观念也比较符合，您可以参考一下，毕竟我们也不是第一次做，细节方面您大可以放心。"

赵先生："那你们一般施工是怎么安排的，我这个酒店必须要在'十一'黄金周之前能够投入使用。"

小李："赵先生，这个您不用担心，我拿一份《酒店施工进度表》给您看，您可以边看我边跟您讲解。"说着小李把进度表递给了赵先生。

赵先生："你们这个方案我非常的满意，我希望你们尽快出一份详细的施工设计图"。

小李的成功在于他的细心，他在为客户设身处地地节省了花销的同时，也耐心地回答和讲解了客户提出的问题，让客户明白了整个酒店装修的过程，真正意义上解决了客户想要知道的装修细节知识。

9.4 豪华别墅任我签

赵先生夫妇是设计师小杨的一位老客户林先生介绍的。最开始在给林先生做复式楼设计时，夫妇两人对设计风格把握不定，小杨仔细地给他们做了一番讲解及分析了利弊关系，最终在小杨的帮助下确定了设计方案，后来他们与其他公司签约了，当时小杨也已经放弃了，但是几个月后客户又找到了小杨，原来与他们签约的那家公司倒闭了，装修也就不了了之了，客户最终对小杨的设计赞不绝口，所以这次林先生朋友赵先生夫妇要装修别墅，立马打电话让小杨过去谈一谈要怎么设计。

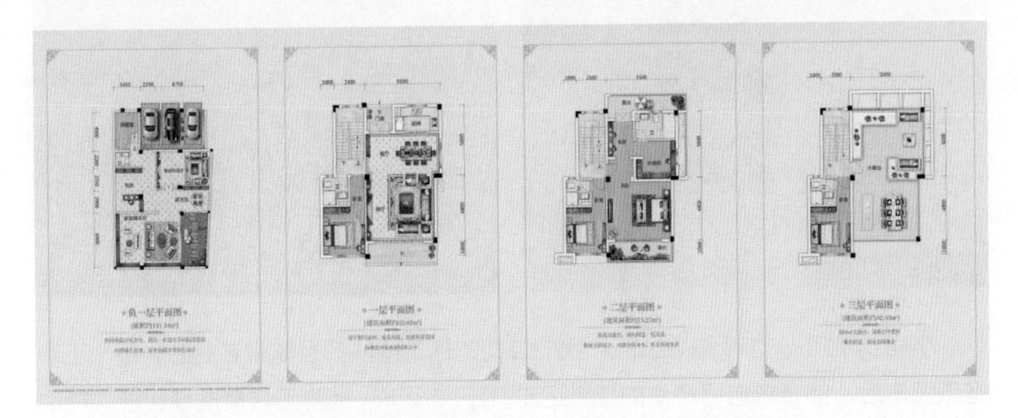

赵先生夫妇家是一栋4层楼的独栋别墅，地下有一层露天停车场，所有的室内建筑面积加起来320m^{2}左右，一层楼的中空层高达到了6m，加上异形的房顶，之前也看过不少的装修公司，但是都没能解决这些问题，两人正不知所措。

设计师小杨：“哥、姐你们好，我是咱们这次装修设计负责人小杨，很高兴见到你们，听林哥说你们现在正对新房的装修烦恼，我立马就赶来了。”

赵先生：“可不是嘛，小杨。最近我和你姐为别墅装修这个事情都上火了，每天吃不好、睡不好的，满脑袋都是装修。”

设计师小杨端来了两杯水：“来，哥、姐，你们先喝水，跟我详细说说，我能帮上忙的，肯定会尽我最大的努力，这个您就放心吧。”

★签单小贴士

新客户与老客户

新客户是老客户介绍过来的，老客户知道的信息应该都已经全部告诉了客户，这个时候设计师要表现出自己的人格魅力，毕竟“耳听为虚，眼见为实”，在与客户谈论的过程中，要一击即中客户的需求点，让客户感受到你的专业眼光及超高的判断能力。

小杨：“我看过您所买的这栋别墅的户型，实不相瞒，上个月我们团队刚做完这个户型的一套设计，目前正在施工中。他们家是B区6栋，跟你们隔得不远。”

赵先生：“原来这个设计是你们公司做的呀，我前几天闲来无事在小区里逛，遇到他们家的装修工人，还聊了会儿，还真别说，你们的水电做得真是没话说，工人在做完之后还将屋里的边角材料都打扫干净了。”

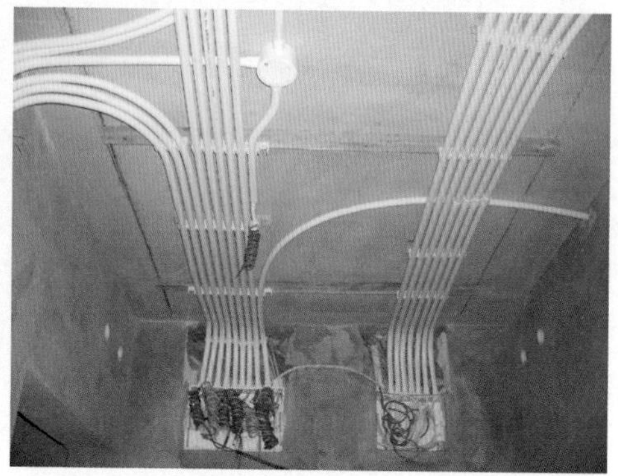

小杨：“赵哥，这个是必须的，我们公司的施工团队都是非常专业的，每个工种施工完毕后，都会把自己产生的垃圾运走，不耽误下一批施工人员进场作业，同时这样也能保证在预计的工期内顺利完工。”

赵先生：“不错，你们这种专业的模式我很欣赏，这样，你下午两点带人过来量房，这是我的名片，到时候给我打电话。”

小杨：“好的，赵哥，那我们下午见。”

设计师开始准备下午量房的工具，从这里可以看出来，老客户介绍的客户一般都比较好沟通，新客户在见面之前已经对设计师有一定的印象，这时候设计师要在交流中展现出自己的人格魅力。

设计师小杨带着助理提前到了约定的地点，等待客户。在测量的过程中，设计师了解到客户有一个儿子在上高中，父母亲偶尔会过来小住。

设计图出来后，开始跟客户预约时间正式谈单。

小杨：“赵哥，您今天有时间吗？我这边方案已经做好了，您下班了过来看看。”

赵先生：“没问题，到时候见。”

下午赵先生如约过来看方案，小杨内心想自己一定要好好把握这次机会。

小杨：“赵哥，您看，这是我连夜赶出来的设计图，我们先来看看一楼整个空间的布局设计，我是这样想的，一楼是中式封闭式的餐厅和厨房，上次您说你们平时喜欢吃西餐，偶尔会做西餐，那么在三楼我给您设计了一个开放式的厨房，当您太太想要做西餐时，有足够的空间用来发挥，而且西餐与中餐的氛围不同，在厨房的另一侧，我做了一个露天大阳台的设计，平时可以在这里聚会、看星星，都是很不错的。”

↑中式厨房的油烟大，玻璃移门能够有效地阻隔油烟，防止油烟满屋跑。

↑简约的餐厅与整个别墅风格相呼应，能够容纳一家人就餐。

↑开放式厨房、简洁的大操作台面，能够满足居室主人偶尔做西餐的想法。

↑露天大阳台可以举办家庭聚会，工作之余看看风景、看看书。

赵先生："这个设计非常不错，我老婆肯定很喜欢，她平时休息就喜欢在家里自己研究菜谱什么的。露天阳台有什么遮阳遮雨措施吗？我们偶尔会外出游玩，这样不是很方便。"

小杨："那这样，我给您做一个阳光休闲房，这样既省事，又不耽误您和家人外出。"

赵先生："这个我回去跟我夫人商量一下，那我们的卧室是怎么设计的？"

小杨："是这样的，赵哥，考虑到叔叔阿姨的年龄比较大，每天上下楼不是很方便，我想将一楼的房间设计给他们住，您和姐的房间在二楼，儿童房就在您隔壁，方便小鑫（业主儿子）在作业上有问题能够随时找您，这样布局还不错吧。"

赵先生："还是你想得周到，我还没想到这里。"

小杨："哪里，您贵人事多，哪有时间不是。赵哥，小鑫的房间我是这样设计的，考虑到他现在还在读书，所以房间里没有放电视，我把它设计成了带书架跟展示功能的隔板，这个造型还可以自己随意拼接，可以增强孩子的动手能力，同时我还设计了一款书桌，平时在自己房间写作业也不怕打扰。"

赵先生："这个设计我倒是蛮喜欢的，我回家跟他商量一下房间颜色，没问题儿童房就这么定了。"

小杨："赵哥，您和嫂子的房间我设计的是新中式风格，这种风格是属于耐看型的，上次听您说姐的睡眠不好，在颜色上我选择的是偏中性的颜色，能够帮助进入睡眠状态。浴室我设计了淋浴和浴缸，沐浴的方式更多，洗手盘我放了两个，您和姐上班时间差不多，可以有效地避免两个人抢一个洗手台的情景。"

赵先生："小杨，还是你想得全面，你姐就想在浴室装个浴缸，我上次还忘了跟你说，没想到你还是设计好了，真不愧是设计师啊。"

小杨："赵哥你过奖了，这是我应该做的。三楼还有一间多余的房间，我做了三种设计，第一种方案是将这个房间作为客房，偶尔有客人来可以在这里休息，这间房也可以作为保姆房，如果以后家里请了住家保姆，这里可以作为保姆的休息室。"

↑因为这间房是作为准备房间使用，所以在设计时只做了基本的使用功能设计，能满足客人的一切使用要求。

↑卫浴做了简单的淋浴设计，整个浴室的风格是简约风，打扫起来也方便。

“第二种方案：考虑到整个家里面没有一个相对独立的书房，我将这间房做成了书房，偶尔在家需要办公的时候，这里是一个不错的地方，没有楼下那么吵闹，空间相对安静。”

“第三种方案：将书房做成了现在比较流行的榻榻米带书架的设计，这样就可以结合上面两个设计的优点，满足上面两个方案不足的地方。首先，在这里办公肯定没问题的，书桌书架一应俱全；其次，家里有客人拜访，只需要在榻榻米上面铺上被褥，这里就是客人休息的房间，旁边卫浴设计不做改变；最后，如果家里来了好友，想要有自己的空间，只需要将榻榻米升起来，摆上茶具，这里就可以成为一个不被打扰的私密空间。”

赵先生：“我个人比较倾向于第三种方案，这个设计中和了之前两个方案的不足之处，设计的形式也是比较新颖的，我平时喜欢看看书，偶尔约上三两个好友过来品茶也是不错的选择，这间房的设计就这么定了，我很喜欢。”

小杨："赵哥，我这里正好有朋友送我一套上等的茶具，我自己又不太懂茶道，改天我带过来，您拿回去看好不好用。"

小杨："赵哥，关于衣帽间的设计我想跟您谈一下，你们家平时衣服多吗？一般衣服是直接挂起来还是叠起来的？"

赵先生："我们每天上班时间都很忙，一般两周左右会有钟点工过来打扫，不过你姐的衣服是不少，你得好好给她设计个衣帽间。"

小杨："根据您的想法，衣帽间我是这样设计的，考虑到您家每两周会有钟点工过来打扫，我把整个衣帽间设计成开放式的，这样你们在找衣服等物件时，可以一眼看过去，能够很快地找到。"

赵先生："衣帽间我们想做成实木的，设计方面倒是没问题。

设计师小杨马上在本子上记录下来。

★签单小贴士

衣帽间

衣帽间是供家庭成员存储、收放、更衣和梳妆的专用空间，主要有开放式、独立式和嵌入式三种。通常而言，合理的储衣安排和宽敞的更衣空间，是衣帽间的总体设计原则，开放式衣帽间适合希望在一个大空间内解决所有功能的年轻人。利用一面空墙存放，不完全封闭。空气流通好、宽敞。缺点是防尘差，因此防尘是此类衣帽间的重点注意事项，可采用防尘罩悬挂衣服，用盒子来叠放衣物。主卧室与卫浴室之间以衣帽间相连较佳。宽敞卫浴间的家居则可利用入口做一排衣柜，设置大面积穿衣镜延伸视觉。拥有夹层布局，可利用夹层以走廊梯位做一个简单的衣帽间。

小杨："二楼的前后两侧都有一个阳台，前面的阳台作为休闲阳台，可以种些花花草草，这里的采光也非常好，平时在这里看看风景也是很不错的。后面的阳台主要是作为生活阳台，在这里可以实现一家人的衣物晾晒，我将洗衣机做了台上盆，需要手洗的衣物也可以边洗边晾晒，上方做了储物柜设计，可以将一些衣架、洗衣液等物件收纳起来。"

↑休闲阳台在设计时可以方便绿植搬进室内空间，营造休闲的氛围。

↑生活阳台主要是供一家人晾晒衣物使用。

赵先生："这样设计还不错，到时候帮我加装一个自动升缩衣架。"

小杨："没问题的，赵哥，我已经记下来了。我们的一楼客厅是这样设计的，考虑到一楼的层高有5m左右，我做了一个简约的吊顶设计，刚好跟地面的瓷砖相呼应，将客厅打立柱做了底座雕花处理，水晶吊灯能将整个空间品质提升档次，家具也选择了与风格相近的简欧沙发，搭配上同色系的布艺窗帘，整个客厅空间看起来美观、整洁、大方。"

←客厅是一个家庭极其重要的场所，能够体现出主人的生活品位及生活态度，是装修设计中的重点部分。

赵先生："那入户玄关是怎么设计的？"

小杨："玄关做成了展示墙，可以将全家福照片摆在这里，每天一进门就能感受到家的氛围，客人第一次拜访也会觉得这是幸福的一家人，在入户门的旁边做了换鞋凳，方便进出门的时候安全地换鞋。"

赵先生："把设计交给你我就是放心。"

小杨："赵哥，还有一件事我需要跟您说明一下，之前做的楼梯设计的板材，由于最近公司这边严重缺货，我现在只能换成另外一种新型的环保材质，价格相差不大，但是目前只有白色和棕色有货，您要是觉得可以的话就赶紧先预约了。"

赵先生："行，我先确定好方案，没问题就去预定。"

小杨："赵哥，您看一下，B区6栋他们家扶手选的是棕色，但是我觉得咱们家选珍珠白的比较好看。"

小杨："在咱们的负一楼，整体的布局规划是这样的，首先是家庭影音室跟娱乐室，在周末休息的时候，这里就是一家人的娱乐空间，大人小孩都可以在这里开心地玩耍。"

↑娱乐室是最近几年兴起的，专门作为娱乐空间来使用。

↑家庭影院可以享受很自在的观影空间，没有影院那么嘈杂。

赵先生："家庭影院这个设计很不错，你能帮我找到专业的影院设计师吗？"

小杨："这个是肯定的，不能做的话我肯定也就不会设计了。"

小杨："还有就是开放式的阅读区与茶室、储物间与卫浴设计。在这里我给您量身打造了一个茶室，平时在这里可以跟家人一起品茶，也可以约朋友来，这里会显得更加的正式。阅读区主要是为您家孩子和夫人准备的，孩子在这里阅读。或者查找资料时，你们也可以在这里安静地陪着他，毕竟陪伴家人是很重要的。"

↑开放式书房显现出整体布局的通透，同时又不失华丽。

↑对于爱品茶的人来说，有一间自己的茶室是一件十分高兴的事情。

赵先生："设计不错，每个区域都划分得很清楚。那我们家的车库是怎么设计的呢？"

小杨："考虑到你们家以后还有购车的需求，我没有将车位进行分隔，而是直接做成了一整块的停车坪，两边做了绿化带设计，车位下方采用了新型的渗水砖设计，在空心的部分种植了绿化草。"

赵先生："这个还不错，只要设计跟施工没问题，装修的费用不是问题。"

赵先生："小杨，你看这样，这个设计我自己是很满意的，但是你赵姐她还没看到过，我拿回去给她看一下，没问题的话我就通知你。"

第二天，赵先生就带着夫人过来一次性付清了装修金，从这一次装修谈单中可以看出来，与客户建立良好的朋友关系，能够拓展我们的签单范围与人群，老客户介绍的新客户一般都比较容易成交。

参考文献

[1] 哈里・弗里德曼，销售洗脑[M]. 施轶，译. 北京：中信出版社，2016.

[2] 尼尔・雷克汉姆. 销售巨人——大订单销售训练手册[M]. 石晓军，译. 北京：中华工商联合出版社，2010.

[3] 加贺田晃. 当场就签单[M]. 佟斯文，译. 北京：文化发展出版社，2017.

[4] 厉铖. 让客户当场签单的销售心理学[M]. 北京：中国致公出版社，2018.

[5] 张超. 销售就是要情商高[M]. 北京：中国友谊出版公司，2017.

[6] 岳蒙. 年轻设计师必修的七堂课[M]. 沈阳：辽宁科学技术出版社，2017.

[7] 科林・斯坦利. 销售就是要玩转情商：99%的人都不知道的销售软技巧[M]. 佘卓桓,译. 武汉：武汉出版社，2015.

[8] 左佐. 设计师的自我修养[M]. 北京：电子工业出版社，2018.

[9] 陈浩. 我最想学的销售技巧：销售是个技术活儿[M]. 北京：中国华侨出版社，2012.